부모코칭

PARENTS COACHING

부모코칭

초판 1쇄 펴낸 날 | 2007년 11월 16일
초판 7쇄 펴낸 날 | 2014년 11월 19일

지은이 | 정진우 · 우수명
펴낸이 | 우수명
펴낸곳 | 아시아코치센터

등록번호 | 제129-81-80357호
등록일자 | 2005년 1월 12일
등록처 | 경기도 고양시 일산구 장항동 578-16 나동

ISBN 978-89-956490-5-3

종이 영은페이퍼 **출력** 대산아트컴 **인쇄** 한국소문사 **제책** 정성문화사

아시아코치센터
주소 | 서울시 강남구 테헤란로 25길 30 4층 (역삼동, 한라빌딩)
주문 | 영업부 (일산) 031-905-0434,6 팩스 031-905-7092
본사 | 편집부 (강남) 02-538-0409 팩스 02-566-7754
(주)아시아코치센터 02-566-7752 팩스 02-566-7754

PARENTS
COACHING

정진우 · 우수명 지음

내 아이를 행복한 천재로 만드는 비밀

부모코칭

ACC 아시아코치센터

CONTENTS

코치 맘시작하기

"싫어. 이 옷 안 입고 갈 거란 말야. 베트맨 그림 있는 옷 입고 갈래."

"그건 벌써 사흘이나 입었잖아. 날씨도 더워 죽겠는데 땀에 찌든 옷 입고 싶니?"

"그럼 나 학교 안 가."

"뭐? 애가 지금 누구 위해 학교 가니? 아, 알았어. 가지마. 나중에 뭐가 되든 엄만 몰라."

"알았어. 엄마가 가지 말라고 했으니까 나 안 간다. 야, 신난다. 게임해야지."

"아휴 애가…. 너, 이리 와. 아침부터 한 대 맞아야 정신을 차리지. 에잇!"

"아아앙!"

초등학교 4학년인 명식이와 엄마 선숙씨의 팽팽한 대결은 결국 명식이가 한 대 얻어 맞는 것으로 끝이 났다. 겨우 아들을 학교에 보낸 선숙씨는 온몸에 힘이 쭉 빠진 채로 아이의 옷을 세탁기로 가져가다 문득 이런 생각이 들었다.

"휴, 내가 지금 뭐하는 짓이지? 날마다 애랑 싸우기나 하고 내가 지금 엄마로서 제대로 살고 있는 건가?"

사실 요즘 들어 아들 명식이는 부쩍 반항심이 커져 예전처럼 윽박지르는 엄마의 모습을 볼라치면 눈을 동그랗게 뜨고 대드는 가 하면, 대든다고 아버지께 혼이 난 후에는 주먹으로 벽을 쿵쿵 치기도 했다. 그간 아들의 행적을 거슬러가 보니 선숙씨는 간담이 서늘해졌다. 행여 이대로 가다가 영 비뚤어지는 건 아닐까.

그때 요란하게 전화벨이 울렸다. 얼마 전에 친구로부터 소개받은 코치에게서 걸려온 전화였다. 사실 선숙씨는 부모코치라는 말도 생경했을 뿐더러 부모가 자녀들의 코치가 되어야 한다는 말도 선뜻 이해가 되지 않았다.

"안녕하세요. 오늘 기분은 어떠세요?"

"휴…. 정말이지 아들 녀석 때문에 골치 아파 죽겠어요."

"어머니께서 힘든 일이 있으셨군요. 아이가 어머니를 힘들게 했나 봐요."

"맞아요. 우리 애가 벌써 사춘기인지 도통 제 말을 들으려고 하질 않아요. 오늘 아침에도 옷 때문에 한바탕 전쟁을 치렀답니다. 휴, 요즘 같아선 엄마 되는 게 너무 힘들다는 생각밖엔 안 들어요."

대화는 오랫동안 계속되었다. 코치라 하는 사람은 선숙씨의 힘든 심경을 친절하게 들어 주었다. 선숙씨는 말할 상대가 있다는 것이 기뻤고 자신도 모르게 속엣말까지 풀어놓게 되었다. 그러자 기분이 한결 나아졌고 전화 속 코치와 무척 친밀해진 느낌이 들었다.

"어머니, 저와 이야기를 나누시니 기분이 좀 나아지셨나요?"

"네. 한결 좋아졌어요. 제 생각과 마음을 이야기하고 나니 속이 시원해요."

"기분이 좋아지셨다니 정말 기쁩니다. 그런데 혹시 자녀분 말입니다. 어머니처럼 자신의 속 이야기를 풀어놓고 싶은 마음은 없었을까요?"

"명식이가요? 음, 사실 걔가 조근조근 이야기하면 말을 잘 하는 편이긴 해요."

"오늘 아침에는 아이의 이야기를 얼마나 들어주셨나요?"

"오늘 아침이요? 아휴, 아침에 바쁜데 이야기 들어 줄 시간이 어디 있어요? 제가 다른 옷 입고 가라고 말했는데도 계속 반항하길래 그냥 한 대 쥐어박았죠."

"그리고 나니 기분은 어떠셨어요?"

"기분이요? 그리고 애를 학교에 보내고 나면 속상하고 안 좋죠."

"그러면 어떻게 했으면 좋았겠다고 생각하세요?"

"아이를 그냥 윽박지를 것이 아니라 베트맨 옷을 그렇게 좋아 하는 걸 알았으면 어제 미리 빨아놓았다가 입혀 보냈으면 좋았 겠다는 생각이 들어요."

이게 웬일까? 선숙씨는 아침에 잠깐 있었던 아들과 한바탕 전쟁을 치렀던 것이 눈앞에 선명하게 그려지며, 자신이 잘못한 일 들이 주마등처럼 지나가기 시작했다. 아침부터 아이에게 소리지 르고 때리기까지 했던 자신의 언행이 너무 부끄러웠다.

"그러고 보니 제가 아들에게 잘못한 일이 더 많았네요."

"그럼 오늘 아들이 돌아오면 어떻게 하실 생각이세요?"

"먼저 사근사근하게 대해야겠어요. 우리 아들은 그런 엄마를 좋아하는데…. 그리고 좋아하는 베트맨 옷을 다른 종류로 하나 더 사 줘야겠어요. 그리고 제가 분에 겨워 때린 걸 사과해야겠어요."

"와, 선숙씨는 훌륭한 부모코치의 자질을 가지고 계세요 ."

"네? 제가요? 제가 어떻게…."

"부모코치라는 게 특별한 게 아닙니다. 코칭은 자녀의 말을 들어주는 데에서 시작되지요. 그리고 자녀가 스스로 자신의 행동을 선택할 수 있도록 도움을 주는 멋진 역할을 하는 거예요. 자, 이제 선숙씨도 자신의 아이를 행복한 천재로 만드는 부모코치가 되기 위한 첫 발을 떼신 겁니다. 제가 앞으로 일주일에 한 시간씩 만나서 아이를 행복한 천재로 만드는 최고의 코치엄마가 되도록 도와드리리고 싶습니다."

선숙씨는 코칭이 뭔지 정확히 알지는 못했지만, 자신이 아들과의 관계를 회복하기 원하고, 그것을 위해 도움이 필요하다는 생각이 들었다. 코칭이 무엇인지는 몰라도 코치와 대화를 하면서 생전 처음으로 아들의 입장에서 생각해 봤고, 코칭으로 아들에게 더 큰 도움을 줄 수 있겠다는 희망이 생겼다. 그리고 코치라는 역할에 대해 강한 호기심과 기대도 생겼다.

학교에서 돌아온 명식이를 바라본 선숙씨의 눈빛은 아침과 달랐다. 뜨겁게 안아주는 엄마의 품속에서 아들은 행복해했고 초보 코치 맘 선숙씨의 마음은 새로운 기대와 기쁨으로 뿌듯했다.

존재의 노래

"내 존재는 인정받기 전에 이미 인정받은 존재입니다. 내 존재는 사랑받기 전에 이미 사랑받은 존재입니다. 달빛이 비치기 전에 빛나는 존재였고 태양이 뜨기 전부터 열정의 존재입니다. 나는 신과 우주가 사랑하기로 작정하셔서 이 세상에 태어나게 된 귀한 존재입니다. 의미 있는 인생을 살도록 신과 우주가 나를 태어나게 한 가치 있는 존재입니다. 제가 남은 평생에 신과 우주 앞에서 어떻게 춤을 춰드릴까요? 나는 남이 보든 보지 않든 감사의 춤을 추고 싶은 존재입니다. 남이 듣든 듣지 않든 사랑의 노래를 부르고 싶은 존재입니다. 한 번도 상처받지 않은 사람처럼 모든 사람을 사랑하고 싶습니다. 돈 때문에 일하지 않고 의미 때문에 기여하고 싶습니다. 내일 죽는다 하더라도 한 그루 사과나무를 심는 나는 희망의 존재입니다."

1부

선수 자녀 vs 부모 코치

Never give up! Never never give up!/Never give up!/ Never never give up!/Never give up!/ Never ne
give up!/Never give up!/ Never never give up!/Never give up!/ Never never give up!/Never give up!/Ne
never give up./Never give up!/Never never give up!/Never give up!/Never never give up!/Never give
up!/Never never give up!/ Never never give up!/Never give up!/Never give up!/ Neve
Never never give up!/Never give up!/Never never give up!/Never give up!/ Never never give up!/Ne
give up!/Never give up!/Never give up!/ Never never give up!/Never give up!/ Never never gi
up!/Never give up!/ Never never give up!/Never give up!/Never never give up!/Never give up!/ Neve
never give up!/Never give up!/ Never never give up!/Never give up!/ Never never give up!/Never give

Never give up/ Never never give up!/Never give up/Never never give up!/Never give up/ Never never
ve up!/Never give up/ Never never give up!/Never give up/ Never never give up!/Never give up/ Never
never give up!/Never give up/ Never never give up!/Never give up/ Never never give up!/Never give
up/ Never never give up!/Never give up/ Never never give up!/ Never never give up!/Never give up/
Never give up/ Never never give up/ Never never give up!/Never give up/ Never never give up!/Never
 give up/Never never give up!/Never give up/Never never give up!/Never give up/ Never never give
 up!/Never give up/ Never never give up!/Never give up/ Never never give up!/Never give up/Never
ever give up!/Never give up/ Nevernever give up!/Never give up/ Never never give up!/

*절대로, 절대로 포기하지마라. . . . . 윈스턴 처칠

인생의 황금 지도, 코칭

가정은 마지막 보루이며 하나의 팀이다. 각각 색깔과 재능이 다른 선수들을 코치가 어떻게 이끌어주느냐에 따라 승패가 결정된다. 코치의 역할은 중요하다. 가정에서의 코치는 누구일까? 말할 것도 없이 바로 '부모'다.

세상은 코치를 필요로 하고 있다

한 청년이 있었다. 청년은 특히 컴퓨터에 관심이 많아 이미 열다섯 살 때 컴퓨터를 분해한 뒤 다시 조립해내는 재능을 발휘했고, 텍사스 의대 1학년 때는 단돈 1천 달러로 회사를 세웠다. 청년의 왕성한 호기심과 능력은 나날이 일취월장하여 남들보다 한 발

앞서는 컴퓨터를 만들어냈고, 창업 한 달만에 무려 18만 달러의 컴퓨터를 파는 수완을 발휘한다. 그후 회사는 초고속으로 발전하여 현재 연간 168억 달러 이상의 매출을 올리는 기업으로 성장한다. 그의 성공행로는 계속 이어지고 있어 자기 자산만 수백억 달러가 넘는 미국의 부호가 되었다.

하지만 그는 세계 2위의 컴퓨터 제조업체라는 타이틀에 만족하지 않았다. 회장 겸 경영자로서 부단히 노력하고 커뮤니케이션 한 결과, 마이크로 소프트사를 제치고 당당히 1위 자리에 오르게 되었다.

이 사람은 바로 세계적인 컴퓨터 제조회사인 델 컴퓨터의 창업주이자 최고경영자인 마이클 델이다. 델 회장은 공격적이고 끊임없는 창의력으로 회사를 이끌어나가고 있으며, IT업계의 신화적인 인물로 손꼽히고 있다.

현재의 자리에 머무르지 않고 2위에서 1위로 오를 수 있었던 저력은 어디에서 나왔을까? 사실 델 회장은 잠시 최고경영자의 자리에서 물러나 있었다. 그러나 3년 뒤 다시 최고경영자의 위치에 오르면서 뭔가 새로운 돌파구가 필요했다.

그가 선택한 것은 바로 '코치' 였다. 끊임없는 경쟁과 위기 속에서도 자신의 가치와 목표를 지킬 수 있도록 옆에서 도와주는 코치가 필요했던 것이다. 비즈니스 코치로 유명한 마셜 스미스 코치가 델 회장의 전문코치가 되었고, 그들은 정기적으로 만나 경영과 관련한 전반적인 문제부터 시작해서 직원과의 관계, 가정과 삶의 문제에 관한 폭넓은 대화를 나눴다. 그후 마이클 델 회장은 회사를 업계 1위로 올려 놓았다.

과연 델 회장의 꿈과 아이디어를 과감히 행동으로 옮기는 힘은 어디서 나왔을까? 상대의 존재가치와 숨은 열정을 경청해 주고 상대가 그것을 명확히 인식하여 행동으로 옮길 수 있도록 지지하고 격려하고 상호책임을 지는 코치의 역할이 큰 몫을 차지했다는 것을 쉽게 상상할 수 있다.

이 일화는 코치업계에서 아주 유명하다. 유명한 CEO가 코칭을 받고 놀라운 변화를 이루었다는 사실만으로도 코칭에 대한 호기심과 도전을 갖게 한다.

GE, IBM, HP, 골드먼삭스, SKT, LG

위의 기업들은 세계적으로 움직이는 국내외 기업이다. 이 기업들이 가지고 있는 또 하나 공통점이 있다면, 이들 그룹의 최고경영 CEO들이 현재 과외수업 받기에 한창이라는 사실이다. 그들의 과외선생은 바로 마셜 스미스와 같은 전문코치들이다.

얼마 전 우리나라 직장인의 91퍼센트가 자신의 CEO에게 전문코치가 필요하다고 응답한 조사결과가 나왔다. 직원들은 CEO가 델 회장처럼 코칭을 받음으로써 회사가 발전할 수 있다고 생각한다는 것이다.

이런 응답은 현실에도 반영되었다. 국내 대기업의 리더들은 점차 전문코치로부터 경영에 관한 코칭을 받는 등 코칭 열풍이 일고 있다. 실제 SKT그룹에서는 코치가 계발 프로그램에 투입될 정도이고 다른 그룹에서도 임원들과 팀장급 직원에게 일대일 코칭을 받게 하거나 그룹으로 훈련을 받도록 하고 있다.

코칭은 이제 세계적인 흐름이 되고 있다. 일찍이 개인과 조직이 탁월하게 발전할 수 있도록 도와주는 코칭을 시작한 미국의 경우, 전문코치가 1만 명이 넘고 그들에게 지급되는 비용이 한 해 1조원이 넘는다고 하니 그 여세가 대단하다. 물론 우리나라의 경우 미국보다 덜하지만 기업에서부터 개인으로 코칭이 이루어지고 있는 것을 볼 때, 앞으로 더 많은 코치가 필요할 것을 짐작할 수 있다.

아마 어떤 이들은 이런 의문을 제기할지도 모르겠다.

"아니, 그렇게 똑똑하고 남부러울 것 없는 톱 리더에게 왜 코치가 필요하지?"

그러나 모든 사람은 혼자 살 수 없다. 골프의 황제라 불리는 타이거 우즈에게도 모든 것을 코칭해 주는 전속코치가 있다. 분명한 것은 세계적인 톱 리더들은 모두 자신의 인생을 코칭해 줄 코치를 찾고 있다는 사실이다.

코치가 없는 팀

두 개의 축구팀이 있다. A팀 선수들의 면면을 볼 때 실력은 그저 그런 중상위권 선수들이고, 그에 반해 B팀은 태극전사를 꿈꾸는 뛰어난 실력자들이 있는 팀이다. 그러나 두 팀에는 또 하나의 차이가 있었다. A팀에는 새롭게 영입된 코치가 있었고 B팀에는 코치가 없었다.

이 두 팀이 일전을 벌이게 되었다. A팀 선수들은 상대편 선수들의 현란한 개인기를 보자 사기가 확 꺾였다.

"쟤들 좀 봐. 완벽하게 훈련되어 있네. 대체 누가 쟤네들을 커버한단 말이지?"

A팀 선수 한 명이 넋두리를 하자 다른 선수들도 기다렸다는 듯한 마디씩 거들기 시작했다. 해보나 마나 질 게 뻔하다는 둥 이 경기를 누가 주최했냐는 둥 이런 저런 불만이 쏟아졌다. A팀을 바라보는 B팀 역시 승리를 확신하는 눈빛을 보내며 연습에 열중했다. 그러나 A팀의 코치는 그저 그들의 분란을 바라보고만 있었다.

드디어 경기가 시작되었다. 예상대로 전반전부터 A팀은 B팀에 밀리더니 결국 두 골을 허용했다. 하프타임이 되자 선수들은 라커룸으로 돌아왔다.

A팀 선수들 중 어떤 선수는 짐을 챙기기도 하고 또 어떤 선수는 다른 선수와 논쟁을 벌이기도 했다.

"어시스트 제대로 하란 말야. 그렇게 앞으로 주면 상대방이 가로채는 게 당연하잖아."

"저는 제대로 했어요. 선배가 미리 예측하고 뛰어 나오셨어야죠."

"뭐? 이 자식이 어디서…."

한편 B팀 라커룸에서는 자신들의 실력에 자신이 있는 듯 선수들은 각자 할 일에 열중이었다. 전화를 받는 선수, 잠시 휴식을 취하는 선수, 세수하는 선수 등 그들은 각자 하고 싶은 일만 할 뿐, 경기에 대한 별다른 말을 주고받지 않았다.

A팀의 선수들이 경기에 대해 왈가왈부하고 있을 때 조용히 지켜보고만 있던 코치가 나섰다.

"잠깐! 선수들, 전반전의 제일 큰 문제가 무엇이라고 생각하나?"

"상대방 선수가 너무 빠릅니다."

"아니, 우리 팀의 문제가 뭐라고 생각하느냐고 물었네."

"너무 공만 좇아가다보니 전혀 이야기를 할 수 없었습니다."

"그럼 자네는 다른 선수에게 이야기를 해 봤나?"

"처음엔 좀 하다가 나중에는 아예 말을 하지 않았습니다."

센터를 맡은 선수가 입을 열자 다른 선수들도 우후죽순처럼 실수를 고백하기 시작했다.

"저는 주장인데도 파이팅을 외치지 않았습니다. 뛸 때 파이팅은 정말 중요한데도 말입니다."

"전 쓸데없이 파울을 많이 해서 경기의 흐름을 끊은 것 같아요."

순식간에 전반전 경기에 대한 평가가 나왔다. 코치가 다시 입을 열었다.

"선수들, 자신의 실수를 알았으니 이제 어떻게 할텐가?"

"저는 주장으로서 선수들을 독려하고 파이팅을 외치며 뛰겠습니다."

"저는 센터로서 선수들과 큰소리로 의견을 나누겠습니다. 제 목소리가 좀 크더라도 이해해 주세요. 하하하."

"전 지혜롭게 파울을 하겠습니다."

"좋네. 이제 본인 스스로 문제점을 파악하고 해결 방법까지 찾았으니 이젠 그것을 실천하는 일만 남았네. 상대방이 어떤지는 중요하지 않아. 나를 위해 상대방이 존재하는 것이고 이 경기는 나에게 달려 있다고 생각하게. 자신이 이길 수 있다고 생각한 그대로 실행하게. 그럼, 파이팅!"

선수들은 전반전과는 다르게 심기일전하여 후반전에 임했다. 선수들은 코치가 말한대로 자신이 경기의 중심이라는 생각을 가지고 각자 찾은 해결책에 맞도록 뛰었다. 그러자 상대팀은 갑자기 전세가 바뀌어 에너지가 넘치는 A팀의 선수들을 보며 위협을 느꼈다. A팀 선수들은 실력보다 팀워크를 발휘하여 공격했고 끊임없는 대화와 독려로 결국 굳게 닫힌 B팀의 골문을 열었다.

B팀은 아무리 개인기를 발휘해 위기를 돌파하려 했지만 이미 주도권을 빼앗긴 상태였다. 패스하라고 아무리 소리쳐도 의사소통이 되지 않아 패스미스만 생길 뿐이었다. 경기는 결국 어떻게 되었을까?

A팀의 뜨거운 열정과 팀워크로 점수를 좁혀 경기는 무승부의 결과를 낳게 되었다.

처음에 자신감도 없이 선수들끼리 사인도 제대로 맞지 않아 전반전에서 예상대로 두 골이나 뒤지고 있던 A팀이 후반전에서 자신감과 열정을 되찾고 무승부로까지 회복되었던 데에는 코치의 역할이 컸다. 만약 코치가 선수를 닦달하고 전술적인 면만 강조했다면 결과는 처음과 달라질게 없었을 것이다. 코치가 선수들이 스스로 해결책을 찾도록 돕고 장점을 발휘하도록 격려하고 새로운 에너지를 불어넣어 주자 팀 전체가 힘을 얻고 좋은 결과를 만들어 낸 것이다.

한편 코치가 없었던 B팀은 선수들의 개인기가 A팀보다 훨씬 뛰어났지만 장점과 뛰어난 기술을 살리도록 격려해 주고 할 수 있다는 힘과 용기를 불어넣어 주는 사람이 없었다. 결국은 앞서가던 경기에서 무승부까지 밀려났다. 물론 승리라는 목표가 있었지만 그것을 이뤄갈 방향이 분명하지 못했다.

사람은 누구나 재능과 장점을 가지고 있지만 그것을 어떻게 발휘해야 할지를 알지 못한다. 그래서 그것을 확인해 주고 지지해 주며 하나의 목표를 향해 열정을 쏟을 수 있도록 돕는 코치가 필요한 것이다.

이기적인 사회에서 가정은 마지막 보루이며 하나의 팀이다. 각각 색깔과 재능이 다른 선수들을 코치가 어떻게 이끌어주느냐에 따라 승패가 결정되었다. 이처럼 코치의 역할은 중요하다. 가정에서의 코치는 누구일까? 말할 것도 없이 바로 '부모'다.

●○○
코치가 있는 가정

민수와 진희는 초등학교 3학년이다. 두 아이는 개구쟁이며 같은 반에서 늘 1·2등을 도맡아 하고 있다. 물론 뒤에서 말이다. 성적이 늘 뒤에서만 맴돌다보니 아이의 엄마들도 사실 걱정이 많았다.

하루는 민수 엄마가 진희 엄마를 찾았다.

"진희 엄마 뭐해요? 날도 흐린데 우리 집에서 칼국수나 끓여 먹어요. 진희도 데리고 오구요."

"그럴까요? 진희 학원 갔다 오면 바로 갈게요."

모처럼 네 사람은 민수의 집에 모였다. 바지락을 듬뿍 넣고 끓인 칼국수 맛은 일품이었다. 민수와 진희는 칼국수 한 대접을 뚝딱 비우고는 같이 컴퓨터를 하겠다며 방으로 들어갔다.

"진희는 이번 시험 잘 봤대요?"

"본인 말로는 실수한 문제는 없는 것 같대요."

"그럼 잘 봤다는 얘기네요. 몇 점이나 받았는데요?"

"아니, 잘 봤다는 것보다 지금까지 봤던 시험에서는 문제를 잘못 읽는다거나 실수해서 틀린 게 많았대요. 그런데 이번엔 아는 문제는 확실하게 풀었다는 얘기죠. 얼마나 다행이에요? 호호."

"우리 민수 녀석도 정말 걱정이에요. 요즘엔 말도 잘 안 해요. 매번 시험 잘 봤냐고 물어보는 것도 지치고…. 커서 뭐가 되려고 그러는지… ."

그러는 동안 아이들은 인터넷 게임에 열중하고 있었다. 허용된 30분이 끝나자 진희는 거실로 나왔지만 민수는 감감무소식이었다.

"야, 김민수. 넌 왜 안 나오니? 진희는 나왔잖아."

"……"

잠시 후 민수가 컴퓨터를 끄고 거실로 나오자 네 사람은 수박을 먹었다. 그런데 수박을 먹던 진희가 그릇에 씨를 뱉는다는 게 그만 민수 손등에 뱉고 말았다. 그러자 민수도 곧바로 진희를 흉내 내어 진희 손등에 씨를 뱉었다. 손등에 붙은 수박씨는 마치 까만 점 같아 보였다. 두 아이는 깔깔대며 서로의 손등에 씨를 뱉어 댔다. 그것을 본 민수 엄마가 날카로운 목소리로 소리를 질렀다.

"김민수, 더럽게 지금 뭐하는 거야? 진희는 실수로 그런 거잖아. 너는 일부러 그게 무슨 짓이니!"

그러나 그 모습을 보던 진희 엄마는 쾌활하고 흥미로운 목소리로 아이들에게 말했다.

"와, 수박씨가 이렇게 생겼구나. 그러고 보니 참외 씨랑 또 다르다. 그치? 우리 이왕 이렇게 된 거 손등에 수박씨나 잔뜩 붙여 볼까?"

진희 엄마와 민수, 진희는 신나하며 수박씨 뱉기에 돌입했고, 민수 엄마를 뺀 모두의 손등은 까만 수박씨로 채워져 갔다. 아이들은 오랜만에 재미난 장난거리를 찾았다는 듯 신나게 수박을 먹으며 장난을 쳤다. 그러는 사이 진희와 민수는 사회와 과학 교과 과정에 나오는 열매의 씨에 대한 정보를 떠올리며 주거니 받거니 했다. 이상한 일이라는 듯 쳐다보는 영수 엄마를 제외하고는 모두가 즐거운 시간을 보냈다.

이 두 아이의 미래는 어떻게 되었을까? 아이들의 차이는 금세 벌어지지 않았지만 몇 개월 뒤부터는 아이들의 간격이 벌어지기 시작했다. 성적은 부진해도 호기심을 갖는 곳에 아낌없이 지원해 주고 동참해 준 엄마 덕분에 진희는 자신이 자연과학에 관심이 있다는 사실을 깨달았다. 그래서 그때부터 진희는 가족들과 주말이나 시간이 날 때면 산으로 들로 다니며 나무와 꽃과 풀 등을 관찰하는 일에 누구보다 열심을 냈다. 결국 4학년이 된 진희는 관찰일기를 쓰기 시작했고 자신이 채집한 나뭇잎과 꽃 등을 비교하며 관찰한 내용과 짧은 에세이까지 덧붙인 자신만의 자연 관찰책을 만들었다.

진희 엄마는 딸의 관찰일기를 보고 범상치 않음을 느꼈고 결국 아동출판사에 원고를 보내어 진희는 최연소 저자가 되었다. 진희는 이제 꼴등이 아니라 어엿한 저자라는 사실에 뿌듯했고 무엇보다 자기가 즐거워하면서 잘 할 수 있는 분야를 찾았다는 데 무한한 자부심을 가질 수 있었다.

민수는 어떻게 되었을까? 민수는 엄마의 극성스런 지원으로 성적이 나아지긴 했다. 그러나 하루에도 몇 군데씩 학원을 다니며 '지식'만을 고집스럽게 넣어주는 교육으로 인해 누구보다 활발했던 아이는 점점 말을 잃어갔다. 성적이 올라갔음에도 불구하고 가장 가까워야 할 가족에게 자신은 영원한 꼴등이란 패배감을 지워버릴 수가 없었던 것이다.

민수와 진희의 이야기는 아이들에 대한 부모의 가치관과 태도가 어떤 차이를 만들어내는지 보여 주고 있다. 우리는 가끔 '그집 아이는 원래 똑똑하고 뭐든지 잘해.' 하는 말을 듣는다. 그러나 원래 똑똑한 아이가 있는 것이 아니다. 그 가정에는 부모코치가 있는 것이다. 진희 엄마는 부모코치로서 역할을 잘 감당했다. 자녀를 부정적으로 대하지 않고 그들의 호기심과 놀이에 대한 욕구를 잘 경청하고 그것을 충족시켜 주면서 거기서 재능과 열정을 끌어내주는 훌륭한 코치의 역할을 한 것이다. 코치 엄마의 강력한 지지를 받으며 아이는 놀이와 체험을 통해 자신의 존재가치를 실현하고 행복하고 성공적인 삶의 기틀을 스스로 구축해 나갈 수 있었던 것이다.

반면 민수네 가족의 경우는 어떤가? 민수 엄마는 자녀의 새로운 행동과 호기심에 큰 관심을 두지 않고 부모가 정한 틀에 아이가 따라오기를 강요한다. 자신의 아이가 이미 모든 잠재력을 가지고 있는 존재라고 믿기보다는 부모가 일일이 지시하고 만들어 주어야만 하는 부족한 존재라고 생각한다. 게다가 자녀를 부모의 못다 이룬 꿈을 이루어 줄 대상으로 보고 아이의 마음에 늘 짐을 지워주고 있다. 그런 아이의 마음은 늘 눌려있을 수 밖에 없다.

"나는 엄마에게 골칫덩어리야. 나는 항상 꼴등만 하고 나는 부모님의 걱정거리만 되는 존재야. 나는 항상 엄마를 화나게 하는 아이야."

자신을 대하는 부모의 언행을 통해 아이는 자신이 뭔가 잘못된 존재라는 자화상을 갖게 된다.

자녀는 부모의 거울이다. 자녀는 부모의 언행을 그대로 따라 한다. 민수의 자화상은 행복하지 못한 민수 엄마의 모습이며, 꼴등이라도 행복한 진희의 자화상은 진희 엄마의 모습이라 할 수 있다. 코치란 진희 엄마처럼 아이들 자신이 가지고 태어난 특징과 장점을 마음껏 살려 그 아이 입장에서 행복하고 성공적인 삶을 살도록 돕는 사람이다.

현대 사회의 가정은 여러 문제를 안고 있다. 부모가 자녀를 키우지만 어떻게 아이를 키워야 할지에 대해 배워본 적이 없다. 또한 사회 경쟁속에서 스트레스에 시달리는 아버지는 가장으로서의 역할모델을 충분히 해내지 못한다. 게다가 부부간에도 원만한 대화가 이뤄지지 않고 가정 분위기가 화목하고 따뜻함을 주지 못한다. 엄마 혼자서 힘겹게 하나하나 실수를 통해 배우며 아이와 교육에 에너지를 소진한다.

이제 이러한 가정을 회복하기 위해 부모가 코치가 되어야 할 때다. 자신의 아이가 행복하고 성공적인 삶을 살 수 있다면 부모는 어떠한 희생도 감당할 수 있다. 그러나 코치가 된다는 것은 부모 자신을 희생할 정도로 무거운 것이 결코 아니다. 코치가 된다는 것은 자녀와의 관계를 즐기는 것이다. 아이가 가지고 태어난 모든 잠재력과 장점을 호기심 어린 눈으로 가지고 탐구하며 아이의 말과 행동을 경청하며 그들이 무언가 새로운 말과 행동을 시도할 때마다 감동하고 기뻐하고 축하해 주면 된다. 그래서 자녀를 사랑하는 부모라면 누구나 자기 자녀의 훌륭한 코치가 될 수 있다.

새로운 부모의 역할

"자꾸 코치, 코치 하니까 너무 거창해요. 코치라는 말도 어려운 것 같고요. 사실 요즘 유행하는 멘토도 코치와 비슷한 거 아닌가요?"

　참으로 많이 듣는 질문이기도 하다. 한동안 멘토 열풍이 거세긴 했나보다. 물론 지금도 여전히 많은 사람들이 멘토를 찾고 있고 코치와 멘토를 같은 개념으로 보기도 한다. 그러나 멘토와 코치는 다른 개념이다. 가장 큰 차이라면 멘토는 자신의 경험과 정신세계를 통해 상대가 해결점을 찾도록 도와주지만, 코치는 상대가 스스로 자기 안에서 스스로 해답을 찾도록 한다.

　멘토를 포함해서 인생의 길잡이가 되는 여러 분야가 있다. 이미 많은 사람들이 알고 있는 컨설턴트, 상담자, 멘토, 코치까지 어떻게 보면 비슷한 것 같기도 하지만 이들은 인생을 어떻게 보느냐, 어떻게 해결책을 찾느냐에 따라 다른 입장을 취한다.

세계적인 마스터 코치인 마이클 스트래트포드는 이들이 하는 일에 대해 재미난 비유를 했다.

어떤 아이가 자전거를 타고 싶다고 한다. 부모는 아이의 소원대로 자전거를 사 주는데, 부모가 아이를 대하는 스타일이 여러가지다.

컨설턴트와 같은 엄마는 어떻게 할까? 이 사람은 자전거 타는 기술자들을 연구한다. 전문가들을 통해 자전거를 연구한 뒤 아이에게 자전거를 탈 때 어디에 앉고 어디에 발을 올려놓아야 하며 어떻게 페달을 밟아야 하는지 일일이 알려 준다. 이 모든 방법과 지식을 전달한 다음에는 손을 놓고 그 자리를 떠난다.

상담자 엄마는 조금 다르다. 자전거를 타다가 떨어질지도 모른다는 두려움에 대해 아이와 대화를 나눈다. 그리고 아이에게 묻는다.

"자전거를 타는 걸 힘들어 하는구나. 과거에도 자전거를 타 본 적 있니?"

상담자는 과거에 겪었던 두려움에 대해 분석하고 해명하려고 노력한다.

한편 앞서 말한 멘토는 어떨까? 멘토는 자신이 자전거를 탔던 경험을 나누며 자기가 했던대로 따라하도록 인도한다.

"애야, 내가 자전거를 타보니 몸을 최대한 숙이고 타는 게 가장 빠른 속력을 낼 수 있는 방법이더구나. 내가 했던 것처럼 하면 너도 잘할 수 있을 거야."

멘토는 가장 효과적인 방법과 자전거 고르는 방법 혹은 돌부리와 같은 장애물을 만났을 때 어떻게 넘어가야 하는지 등을 자신의 경험을 예로 들어 자세히 알려 주고 그대로 따라하게 한다.

마지막으로 코치는 어떤 일을 할까? 코치는 아이가 왜 자전거를 타고 싶어 하는지, 욕구와 의도를 신중하게 듣는다. 왜 자전거를 타려고 하는지 의도를 들은 다음에는, 자전거를 타는 방법에 대해 안내받고 싶은지, 어디 가려고 하는지 등을 묻는다.

"어떤 스타일의 자전거를 좋아하니? 자전거를 타는 게 재미 있니? 어떻게 하면 더 재밌게 탈 수 있을까? 넌 앞으로 자전거를 타고 어떤 일에 도전해 보고 싶니?"

어떤 부모가 아이의 재능과 능력을 가장 잘 인정해 주고 격려해 주는가? 바로 '코치' 부모다. 코치부모는 어떻게 하면 아이가 신나게 자전거를 탈 수 있을지, 함께 달리면서 어떻게 타면 더 재밌게 탈 수 있을지, 가족과 함께 자전거 여행을 계획하며 아이가 선택한 결정을 기뻐해 주고 축하해줌으로써 아이의 숨어있는 천재성이 행동으로 나오도록 도와준다.

상상해 보자. 혹여나 다칠까 넘어지지는 않을까 노심초사하며 근심 어린 눈으로 쳐다보는 부모와 아이와 함께 바람을 가르며 자전거를 타면서 격려하고 즐거워하는 부모 중 당신은 어떤 부모가 되고 싶은가?

이제 부모는 새로운 시대를 살아갈 자녀를 위해 기존의 사고방식을 과감히 버리고 코치가 되어야 한다. 주의 깊게 인내심을 가지고 경청하고 관찰하며 끊임없이 대화함으로써 자녀 안에 숨어있는 재능을 끌어내어 용기있게 시도할 수 있도록 도와야 한다. 이러한 코치와 같은 부모를 통해 아이들은 인생에서 만나는 문제들을 스스로 해결해 나가는 자립적인 인재가 된다. 새로운 시대에는 '코치'가 바로 부모의 새로운 역할이다.

위대한 코치들

어머니는 제 존재의 특별함을 늘 일깨워 주셨습니다. 바깥에 나가서도 내가 존귀하며 영향력 있는 사람임을 느끼도록 하셨습니다. 그래서 언제부터인지 저는 어떤 일을 할 때라도 제가 누구인지 기억하려 애썼습니다.

●○○

코치가 만들어 낸 신화

"I am hungry yet(나는 아직도 배가 고프다)."

이 멋진 한 줄의 카피가 누구의 입에서 나왔는지 아마 기억할 것이다. 4,800만 한국인을 하나가 되게 했던 2002년의 월드컵 신화는 모든 이들의 감동이요 역전의 드라마다. 온 국민을 붉은 물결로 수놓았던 4강 신화의 주역은 태극전사였지만 그보다 더 부각된 인물이 있었다. 바로 태극전사를 이끌었던 히딩크 감독이다.

히딩크 감독이 대표팀의 수장으로 온 뒤 대부분의 축구팬들은 우려와 반신반의하는 모습을 보였다. 감독이 되고 나서 다른 나라와의 평가전에서 5대 0으로 참패하는 굴욕을 겪기도 했기에 한때 그에겐 '오대영'이란 별명이 따라다니기도 했다. 그리고 1년 6개월 동안 이렇다 할 성적을 거두지 못하고 경기 참가자를 선발하는 과정도 지지부진해지자 조바심 난 국민들의 지탄은 날이 갈수록 거세졌다.

그러나 그는 23명의 훌륭한 최정예 멤버를 발굴해냈고 세계적인 수비형 미드필더의 전문화를 통해 놀랍게도 4강까지 진출하게 되었다. 우리나라 축구역사상 꿈같은 성적을 내자 온 국민은 팀의 저력이 과연 어디에서 나왔는지 분석하기 시작했다.

어떤 이들은 그의 전략을 경영전략에 대입하여 'hi-five' 전략으로 분석하기도 했다. 그것은 hardiness(꿋꿋함, 소신), impartiality(공정성), fundamentals(기본성의 강조), innovation(혁신의 추구), value sharing(가치의 공유), expertise(전문지식의 활용)다.

이 전략에서 나타난 바와 같이 그는 선수를 기용할 때 기본에 충실하며 혁신을 추구하고 축구에 대한 가치를 공유하는 이들에게 눈을 돌렸다고 한다. 그에게 선택된 선수들 중에는 사람들에게 알려지지도 않았을 뿐더러 뒷방신세를 지고 있던 선수들도 많았던 터라 불만의 목소리가 높았다.

그러나 그에겐 믿음이 있었다. 한국팀에게 세계를 깜짝 놀라게 할 저력이 있다는 것을 믿었고 감독으로서 선수들에게 자신감을 불어넣어 줄 수 있다는 것을 믿었다. 결국 그는 자기 길을 고집하며 자신의 선수들 23명과 일대일로 한사람 한사람 운동장에서 만나기 시작했다.

우선 감독은 자신의 선수를 믿음의 눈으로 바라보며 관찰했다. 기본과 팀워크를 중시하기보다는 개인기에 치중하는 선수는 철저하게 소외시키기도 했다. 그러나 주어진 여건에서 묵묵히 뛰고 있는 변방의 선수들에 대한 관심의 끈을 놓지 않았다. 선수와 감독 사이의 가장 큰 장애물이라고 할 수 있는 언어를 극복하기 위해 주머니엔 늘 녹음기가 들어 있었다.

"음, 저 선수는 저런 면에 소질이 있군. 이런 부분만 개선하면 되겠어."

이런 생각이 들 때마다 녹음기에 녹음을 했고, 훈련이 끝난 뒤 선수들과 만나 자신의 아이디어에 대해 끊임없이 의견을 주고받았다. 그는 일대 다수의 만남이 아닌 일대일 면담을 이용했다.

그가 기용했던 선수들은 실력이 있었음에도 불구하고 그동안 기량을 제대로 발휘하지 못했거나 주목을 받지 못했던 경우가 대부분이었다. 선수 스스로도 자신이 변방의 선수라고 자책할 정도로 위축된 선수도 있었지만 감독 앞에 있을 때는 상황이 달랐다.

"지금 자네 포지션이 미드필더인데, 왜 미드필더가 되었다고 생각하지?"

"글쎄요. 그건 중학교 때부터 제 포지션이 미드필더였고…."

"그렇다면 자신의 장점이 뭐라고 생각하나?"

"누구보다 지구력이 좋다고 생각합니다. 쉽게 지치지 않는 게 장점입니다."

"좋아. 미드필더로서 지구력이 좋다는 건 대단한 장점이야. 만약 공격을 하다가 패스미스가 난다면 자넨 어떤 행동을 취해야 할까?"

"수비형 미드필더로 전환하여 상대방 스크라이커가 공을 가로채지 못하도록 끝까지 막을 것입니다."

"좋아, 지금 자넨 자신의 포지션에서 뛸 수 있는 최상의 조건과 위기를 어떻게 해결해야 할지 답을 찾았어. 난 자네를 믿어."

감독과 일대일 면담을 하고 나면 선수들은 조금씩 달라졌다. 지금까지 겪어 왔던 감독들과는 달랐기 때문이다. 감독으로서 기량이 뛰어나다고 할지라도 대부분 지시하는 감독만 보아왔던 선수들에게 히딩크식 질문은 신선하면서도 운동장을 뛰면서도 생각하게 만드는 힘이 있었다. 선수들은 자신의 장점을 활용하기 원했고 위기 순간에 대처할 방법까지 머릿속에 넣어두고 있었다. 당연히 실수는 줄어들고 자신감은 충만해졌다.

"이봐, 지성! 자네가 가장 잘하는 것이 뭐지?"

"미스터 김. 여기서 어떻게 하면 더 좋은 결과를 얻을 수 있을까?"

운동장에서 만난 감독과 선수는 땀이 범벅된 채 가쁜 숨을 내쉬면서도 상황에 맞는 해결책을 찾기 위해 수시로 대화를 나누었다. 감독 역시 선수 본인이 말하는 장점과 기량을 최대한 살려서 국민 축구스타들을 배출해 냈다. 공격형 미드필더였던 선수를 수비형 미드필더로 조련함으로써 진공청소기라는 별명을 얻게 하는가 하면, 어떤 선수는 영국 프리머리그를 무대로 삼아 최고의 미드필더로 거듭나게 했다. 또 어떤 선수는 최고의 멀티플레이어 선수로 조련하여 멋진 골을 넣게 하는 등 모두가 훈련과 대화를 통해 만들어진 작품이다. 멋진 경기가 끝났을 때 선수들은 감독의 훈련과정에 대해 다음과 같이 말했다.

"지시해서 알게 된 것은 평소에는 잘 생각이 나지만 실제 경기의 위급한 상황에서는 잘 생각이 나지 않아요. 그래서 멀쩡하게 잘 뛰던 선수들도 급한 상황이 되면 엉뚱한 곳으로 공을 패스하거나 쓸데없는 몸싸움이 벌어지기도 하죠. 그러나 감독님이 항상 사용하시는 일대일 질문은 달랐습니다. 순간순간마다 자신이 생각하고 판단하도록 하기 때문에 위급한 상황에서도 스스로 판단을 내릴 수 있었어요."

여기서 끝난 것이 아니다. 감독은 스스로 자신을 믿었고 선수들을 믿었다. 히딩크 역시 빛을 보지 못한 선수로 뛰어봤기에 어떻게 하면 자신감이 생기는지 잘 알고 있었다. 그래서 다른 어떤 사람보다 자신감을 불어넣어 주는 것에 관심을 쏟았다.

"잘 하고 있어. 아주 훌륭해."

"역시 자네의 능력은 최고야. 자네의 장점인 롱킥을 아주 잘 살려냈어."

"스피드 하나는 기가 막혀. 그 스피드로 골대까지 달려보자고."

그는 계속해서 선수들의 장정을 발견해서 칭찬해 주고, 선수들이 작은 일에 성공했을 때 맘껏 축하해줌으로써 자신감을 주었다. 선수들은 칭찬을 받으면서 '더 잘하자. 내가 가진 장점을 살려 더 잘하자.' 하며 스스로 다짐도 했을 것이다.

많은 선수들이 2002월드컵을 회상하며 히딩크 감독의 대화와 칭찬에 대해 말한다. 선수들이 느낀 바가 많고 오래도록 기억에 남아 있기 때문일 것이다.

거스 히딩크 감독은 좋은 코치의 모델이다. 코치는 어떤 역할을 할까? 코치는 해답을 주거나 지시하는 사람이 아니다. 상대 스스로 문제를 인식하고 잠재력을 계발하며 문제에 직면했을 때 스스로 해결책을 찾도록 옆에서 도와주는 사람이다. 히딩크 감독은 팀의 목표를 최고로 이루어내고 선수 개개인의 삶을 행복해지도록 돕는 명코치였던 것이다.

완전한 사랑

이보다 더 작을 수 없다고 느낄 정도의 웅크린 몸가짐에 자글자글하게 주름진 피부, 항상 기도하는 두 손으로 표현되는 가난한 자들의 어머니 마더 테레사를 기억할 것이다. 그녀는 이미 세상을 떠났지만 사람들의 가슴속에는 여전히 살아있는 사랑의 존재로 타오르고 있다. 이미 가톨릭계에서는 그녀를 성자의 반열에 올리려는 움직임이 있을 정도로 세상은 테레사 수녀를 존경하고 사랑한다.

38세, 그녀는 가난한 이들과 함께 살면서 그들을 도우라는 소명을 받아 단돈 5루피(한화 120원)를 들고 인도 캘커타의 빈민촌으로 뛰어들었다. 그녀는 천국에 갈 때까지 생전 처음 보는 이방인들의 불쌍한 삶을 섬기며 가난하고 소외된 영혼들의 어머니를 자처했다. 죽어가는 빈자들을 보며 그들이 편히 쉴 수 있는 장소가 필요하다고 느껴 '가난한 자 중에서 가장 가난한 자에게'라는 구호 아래 '사랑의 선교회'를 세웠다. 그녀는 세상이 외면한 나병환자와 외롭게 죽어가는 자들을 불러 모으기 시작했다. 환자조차 자신의 몸을 보기 싫어하던 나환자들을 씻겨 주었고, 홀로 죽어가는 노인들의 임종을 기도로써 지켜주었다. 세상에 태어나 단 한 번도 사람대접을 받아보지 못했던 인생들이 테레사 수녀를 만남으로 비로소 사람다운 대접을 받았다.

대부분의 사람들은 테레사 수녀가 자신의 것을 나눠주었다고 생각한다. 그러나 수녀의 생각은 달랐다. 그녀는 죽어가는 사람들과 고아, 병든 자의 어머니로서 그들을 섬기면서 오히려 그들에게 얻은 것이 많았다고 고백했다.

"한번은 캘커타에서 죽어가는 여인을 발견한 뒤 내가 할 수 있는 모든 조치를 취하고 나자, 그녀는 내 손을 잡더니 아주 아름다운 미소를 보여 주며 감사를 표했습니다. 그녀는 내가 준 것보다 더 많은 걸 내게 주었습니다. 저는 모든 인간에게서 신을 봅니다. 나환자의 상처를 씻기는 것은 그리스도를 돌보는 듯한 아름다운 경험입니다."

돌보는 대상에게서 신의 모습을 발견하기 때문에 테레사 수녀는 그들을 존귀히 여기고 최선을 다해 돌보았다.

한번은 한국의 어떤 사람이 우연히 캘커타의 '사랑의 집'에 갔다. 처음에 그는 봉사활동에 관심이 없었지만 하루 이틀 씻기고 빨래하고 밥 짓는 단순한 일을 하다 보니 어느새 3개월이란 시간이 흐르게 되었다. 소외받은 이들을 돌봐주고 그들과 함께 웃을 수 있다는 것이 그에게는 큰 기쁨이었다. 그리고 그곳에 늘 묵묵히 계시는 마더 테레사에 대한 존경과 호기심도 생겼다.

테레사 수녀를 가까이에서 볼 수 있었던 그는 미사 내내 웅크린 채 기도만 하는(그는 졸고 계셨다고 표현했다) 테레사 수녀에게 이렇게 물었다.

"수녀님이 하시는 일이 정확히 무엇입니까?"

그러자 테레사 수녀는 이렇게 말했다.

"제가 하는 일은 사람들에게 자신이 버려진 존재가 아니라는 사실을 느끼도록 해 주는 것입니다. 진정으로 그들을 사랑하고 받아주는 사람이 있다는 것을 살아 있는 몇 시간 동안만이라도 느끼고 알 수 있도록 하는 일이지요. 또한 자기를 위해 인생을 바치는 당신과 같은 젊은이들이 있다는 사실을요."

마더 테레사 수녀가 세상에 알려지자 각국의 사람들이 모여들어 어떻게 그런 희생을 할 수 있느냐는 질문을 했다. 그러나 그녀는 결코 희생이란 말을 쓰지 않았다. 오히려 자신이 그들을 통해 신을 보고 있음을 고백했다. 걸인을 집으로 불러들인 후 다른 수녀님들에게 "이 분은 예수님이 변장하고 오신 것입니다. 예수님께서는 가장 비참한 모습을 하고 계실 때도 있습니다."라고 말했다고 한다.

마더 테레사는 '가난한 자 중에서도 가장 가난한 자들의 어머니'가 되었고, 어머니로서 자녀를 섬겼다. 테레사 수녀는 존재감이 없던 자녀들을 완전한 존재로 바라본 유일한 사람이었다.

"나는 한 사람을 사랑할 뿐입니다."라는 그녀의 말처럼, 테레사 수녀는 버려진 사람들을 자식으로서 사랑해 주었고, 그들의 존귀함을 스스로 알도록 일깨워 주었다. 아무런 능력이 없어 보이는 어린아이나 병자들, 걸인들, 고아들을 무한한 능력을 갖춘 존귀한 존재로 보고 완전한 사랑을 실천했던 테레사 수녀는 세상의 모든 어머니들의 위대한 코치 모델이다.

●●○

마지막 수업

세계를 이끌어 갈 예비 지도자들이 모여 있는 하버드 대학 강당, 세계의 석학들이 사회로 진출하는 제자들을 격려하며 졸업을 축하해 주고 있었다. 치열하게 공부하며 그 안에서 자신의 가치를 깨달아 가는 학생들의 모습 속에는 긴장과 설렘, 그리고 두려움도 있다. 그러나 그들 앞에는 그들보다 먼저 인생을 경험한 그들만의 코치들이 있었다.

한 교수가 사회로 나가는 제자들에게 마지막 수업을 하기 시작했다.

　"저는 여러분에게 이런 말을 하고 싶습니다. 이상을 높게 세우십시오. 골짜기와 일상의 그림자를 벗어나 시야가 탁 트인 높은 세상으로 올라가십시오. 그곳의 빛을 흠뻑 빨아들여 여러분의 영혼이 높이 날아오르게 하십시오. 바람에 당신의 머리카락이 나부끼게 하고 마음은 커다란 꿈을 꾸게 하며 인생에 대한 열정과 세상을 변화시키고자 하는 당신의 열정이 자유롭게 흘러넘치게 하십시오."

　노교수의 열정적이고 격려어린 메시지가 전해지자 학생들의 박수가 터져 나왔다. 그 어느 전공 강의보다 마음에 와 닿는 강의였다.

　그 다음엔 하버드 대학의 총장이자 경영학 교수인 킴 클라크 교수가 단상에 섰다. 경영에 있어서는 누구보다 뛰어난 그의 메시지를 기대하며 학생들은 그의 말 한 마디 한 마디를 새기기 위해 귀를 열고 있었다.

　"저는 여러분에게 제 인생의 아주 중요한 역할을 하셨던 한 분을 소개하려 합니다. 그분은 매일 아침 문을 나서는 저를 돌아 세우셨습니다. 그러고는 허리를 숙이고 무릎을 낮추어 제 눈과 당신의 눈이 평행선을 이루도록 하셨습니다. 제 눈을 똑바로 바라보시며 그녀는 이렇게 말씀하셨습니다. '킴 클라크, 오늘도 나가서 리더가 되어야 한다. 네가 옳거나 그르다고 생각하는 것에서는 절대로 물러서선 안 돼. 그리고 누구도 널 함부로 대하도록 허용해서는 안 된다. 네가 누구인지 기억해라. 알았니?' 네, 바로 그 분은 제 어머니셨습니다. 처음에는 어머니께서 왜 그런 말씀을 강조하시는지 몰랐습니다. 그러나 시간이 흐르고 성인이 되면서 어머니가 매일 아침 제게 해 주신 말씀의 의미를 점점 알게 되었습니다. 어머니는 제 존재의 특별함을 늘 일깨워 주셨습니다. 그리고 바깥에 나가서도 내가 존귀하며 영향력 있는 사람임을 느끼도록 하셨던 것입니다. 그래서 언제부터인지 저는 어떤 일을 할 때라도 제가 누구인지 기억하려 애썼습니다. 지금 하버드 대학의 총장 자리에 오르기까지 저는 제가 누구인지 잊어버린 적이 없으며 그것은 놀라운 에너지와 열정을 끌어내 주었습니다.

저는 여러분께 제 인생의 불빛과도 같은 존재이신 어머니의 이 당부를 꼭 하고 싶습니다. 여러분이 어떤 사람인지 꼭 기억하십시오. 당신이 얼마나 특별하고 존귀한 존재인지 기억하시길 바랍니다. 이제 내일이면 이 캠퍼스를 떠나는 나의 사랑하는 제자들이여, 당신이 얼마나 위대한 존재인지를 반드시 기억하시길 바랍니다."

학생들은 킴 클라크 교수의 진심어린 당부의 말을 듣고 많은 감동을 받았다. 우리는 하버드 대학의 총장인 킴 클라크 교수를 기억하지만, 또한 그의 뒤에서 존재감을 일깨워준 그의 어머니를 기억해야 한다. 테레사 수녀가 '가난한 자 중에서 가장 가난한 자들의 어머니'로서 자녀들의 존재 자체를 사랑했다면, 킴 클라크 총장의 어머니는 자기 자녀의 존재를 특별히 일깨워준 코치라 할 수 있다.

킴 클라크 총장의 이야기는 『하버드 졸업생은 마지막 수업에서 만들어진다』라는 책에 자세히 기술되어 있다. 이 책은 하버드 졸업생에게 마지막 수업에서 전하는 교수들의 메시지를 담은 것으로, 어떻게 해서 하버드가 세계적으로 인정을 받는 지식그룹이 되었는지를 잘 알게 해준다.

물론 어떤 사람들은 생존경쟁 시대에 살고 있으면서 무슨 존재 타령이냐고 일축할 수도 있다. 실제 한국 어머니의 조급성은 하버드 대학 강당에서도 일어났으니까 말이다.

한번은 하버드대 강당에서 한국의 어머니들을 모셔놓고 학교를 소개하고 있었다. 학교 소개가 끝나고 질문하는 시간이 되자 어느 용감한 어머니 한 분이 번쩍 손을 들었다.

"하버드 대학을 가려면 몇 점을 받아야 하나요?"

사실 이 질문은 다른 어머니들도 무척 알고 싶어 하던 부분이기도 했다. 좋은 대학이라는 것은 다 알고 있으니 이제 실제적인 질문을 했던 것이다. 그러나 질문을 받은 담당교수는 잠시 생각하더니 이런 답변을 했다.

"하버드는 점수로만 입학할 수 있는 학교가 아닙니다. 하버드는 미국을 일으켜 세울 예비 지도자가 입학하는 곳입니다."

예상치 못한 대답이 나왔을 때 용감한 어머니나 다른 어머니들이 머쓱해 했을까? 아니다. 오히려 정확한 기준도 없이 학생을 선발한다는 건 세계적인 대학에 맞지 않다며 항의를 했다고 한다. 만일 한국의 어머니들이 학교의 기본철학을 이해하고 있었다면 이와는 다르게 행동했을 것이다.

경쟁이 게임처럼 되고 있는 세계라는 무대에서 많은 부모는 중심을 잃기 쉽다. 누구보다 귀하고 아름답게 태어난 단 하나밖에 없는 자녀가 경쟁력 갖춘 자녀로 탈바꿈하기 원하는 마음에서 끊임없이 '누구처럼 되라'고 강조하고 있다.

그러나 자신의 자녀를 완전히 성숙하고 능력있는 존재로 보고 매일 그 존재를 잊지 않도록 격려하고 지지함으로써 킴 클라크 어머니는 자신의 아들을 세계에서 가장 뛰어난 인재를 양성하는 하버드 대학의 총장이 되게 했다. 어머니의 믿음대로 킴 클라크는 완벽하게 자기 존재가치를 실현한 것이다. 킴 클라크 어머니의 말은 하버드 졸업생들의 마지막 수업마다 언급되면서 수많은 세계 리더들에게 계속해서 큰 영향력을 미치고 있다.

마음으로 만나는 아버지와 아들

아버지 딕 호잇과 아들 릭 호잇은 입술을 열어 대화할 수 없다. 딕이 이야기를 하면 릭은 여러 가지 눈빛과 표정을 통해 머릿속에서 단어를 만들어 낸다. 그러면 그 생각이 단어로 타이핑되어 컴퓨터 화면에 나타나고, 두 부자는 비로소 커뮤니케이션을 마친다.

사랑스러운 아들 릭은 태어날 때 엉켜있는 탯줄 때문에 뇌를 다쳐 중증장애를 가지고 태어났다. 중증장애를 가지고 태어난 릭을 보며 의사들은 병원에서 키우길 권면했다. 그러나 딕은 아들을 집으로 데리고 와서 기꺼이 아이의 손과 발이 되어 11년을 보냈다.

그러던 어느 날, 딕은 릭의 몸짓과 손짓이 예사롭지 않다는 걸 발견했다. 비록 중증장애인이긴 하지만 특별한 재능이 있다고 확신한 딕은 대학의 엔지니어링과를 찾아갔다. 그런 딕을 바라보는 이들은 혀를 차기도 하고 쓸데없는 일이라 비아냥대기도 했다. 딕은 아들의 뇌가 어떤 상태인지 의뢰를 했고 놀라운 사실을 발견했다.

"아들의 뇌는 활발하게 움직이고 있어요. 이럴 수가…."

열한 살이 된 릭의 뇌가 정상인과 같이 움직이고 있다는 사실을 확인한 아버지는 아들과의 의사소통 방법을 모색했다. 결국 아버지와 아들은 컴퓨터를 통해 의사소통이 가능해졌다. 릭이 머릿속으로 생각하는 단어들이 컴퓨터로 타이핑이 되는 것이다.

"릭, 내 말 듣고 있지? 릭, 기분이 어떠니?"

"좋…아…요."

"오, 멋지다. 내 아들."

아버지의 눈에서는 눈물이 흘러 내렸고, 힘들게 아버지에게 단어를 생각해 보내주는 아들의 눈에도 눈물이 흘렀다. 태어난 지 11년 만에 부자의 대화가 시작되었다. 시간이 오래 걸리는 건 아무런 장애가 되지 않았다.

"릭, 넌 다른 사람과 조금 다른 것뿐이다. 수없이 얘기해서 알고 있지? 이젠 이렇게 대화도 할 수 있으니 너무 기쁘구나."

아버지는 곧 아들을 공립학교에 다니게 했다. 물론 부모로서 해야 할 일이 더 많아진 건 사실이었지만, 딕은 아들에게 항상 웃는 얼굴을 보여 주며 힘차게 휠체어를 밀어 주며 기꺼이 아들의 친구가 되어 주었다.

릭은 마침내 고등학교 졸업반이 되었다. 아버지는 조금 더 살이 찌고 나이가 들었으며 아들은 키가 크고 몸이 커졌다.

그러던 어느 날 릭의 반 친구가 교통사고를 당해 전신마비가 되는 고통에 처하게 되었다. 학교에서는 그 학생의 수술비를 모금하기 위해 8천 미터 마라톤 대회를 열기로 했다.

사건은 그때 일어났다. 릭은 아버지에게 이런 메시지를 보냈다.

"아…버…지, 참…가…하고…싶…어…요."

"뭐라고? 마라톤 대회에?"

아버지는 잠시 생각해야 했다. 지금껏 아들에게 장애의 벽을 넘어서라고 수없이 말했던 아버지였지만 마라톤에 참가한다는 것은 의외였다. 그러나 아버지는 이내 마음을 바꾸었다.

"맞아 릭, 친구가 고통에 처했는데 가만히 있으면 안 되지. 좋아. 한번 도전해 보자."

그때부터 두 부자의 휠체어 마라톤 연습이 시작되었고, 결국 자선모금 마라톤 대회에 참석하여 8천 미터를 완주하게 되었다. 대회를 마치고 집으로 돌아온 릭의 얼굴은 벌겋게 상기되었다. 웬일인지 쉽게 안정되지 않는 표정을 보자 아버지는 겁이 덜컥 났다.

"릭, 왜 그러니? 마라톤 때문이니?"

그러자 릭의 마음이 컴퓨터 화면을 통해 깜박거렸다.

"아버…지, 아…까…뛸…때만큼…은…내가…장애…인이란 걸 느…끼지…못…했…어…요."

순간 아버지는 머리를 돌로 맞은 것 같은 충격을 받았다. 심장은 뜨거워졌고 눈가에 뜨거운 눈물이 흘러내렸다. 자신의 아들이 달릴 때만큼은 자유롭다는 사실을 알게 되자 아버지는 뜨거운 감사가 넘쳤다. 기꺼이 자식의 기쁨에 동참하고 싶었다.

딕과 릭은 이제 한 팀이 되어 본격적으로 운동을 시작했다. 아버지는 아들의 휠체어를 밀며 운동과 트레이닝을 이어갔다. 특별한 코치가 있는 것도, 특별한 응원자가 있는 것도 아니었지만 두 부자의 아름다운 훈련은 이어졌다. 그 결과 그들의 팀은 보스턴 마라톤 대회에 24번이나 참가하는 놀라운 역사를 만들었다.

그리고 2007년, 세계인의 가슴을 뜨겁게 만든 철인 3종 경기에는 딕 호잇 부자가 있었다. 정상인들도 도전하기 두려워하는 철인 3종 경기를 하는 두 부자의 모습은 감동의 드라마였다. 보트 위에 중증장애인인 아들을 태우고 보트를 밀며 수영을 하는 아버지, 수영을 마친 뒤 아들을 번쩍 안아 특수하게 제작된 자전거에 아들을 태우고 열심히 페달을 밟는 아버지, 그리고 휠체어에 릭을 태우고 달리는 아버지의 모습은 경기장에 모인 이들의 이목을 집중시켰다. 아무도 그 결과에 대해 중요하게 생각하지 않았다. 휠체어를 타고 있는 릭은 장애인이라고 느껴지지 않을 정도로 누구보다 건강하게 달리고 있었고 양팔을 휘저으며 환호했다. 그 아들을 앞세우고 뒤에서 달리는 딕은 또 어땠을까. 바람을 가르며 자유롭게 뛰는 아버지 역시 성취감으로 가득 찼다. 아마 뛰고 있는 아버지는 마음속으로 아들에게 묻고 있었을 것이다.

'릭, 어떠냐? 자유롭니? 아버진 네가 언제나 자유로움을 느낄

수 있도록 끝까지 도와주마.'

경기가 끝난 부자는 말없이 바라보았다. 두 사람 몫을 해낸 아버지, 힘든 여정을 끝까지 버텨준 아들, 몸은 힘들어도 그들의 마음은 자신감으로 넘쳤다.

딕 호잇과 릭 호잇의 철인 3종 경기의 모습은 인터넷 동영상으로 제작되어 이미 많은 세계인들의 가슴을 따뜻하게 적셔주었다. 많은 사람들은 이 위대한 아버지의 희생에 대해 말할지도 모르겠다. 그러나 아들이 정말 좋아하고 즐기는 것을 할 수 있게 도와준 아버지 역시 그 일을 통해 놀라운 사실과 접하게 되었다.

하루는 아들과 훈련하던 중 가벼운 심장마비를 일으킨 아버지가 병원을 찾았다. 여러 검사를 마친 뒤 담당의는 믿을 수 없다는 듯 이런 말을 했다.

"딕, 당신의 심장에 있는 혈관 하나가 98퍼센트 이상 막혀 있었어요. 당신이 아들과 함께 마라톤과 철인 3종 경기를 위해 운동하지 않았다면 아마 당신은 15년 전에 죽었을 거예요. 장애를 가진 아들이 당신의 생명을 연장시켜 준 셈이네요."

과연 무엇이 이들 부자를 이렇게 만들었을까? 무엇이 이 가정에 기적을 만들어낸 것일까?

아버지 딕 호잇은 중증장애인 아들을 절망적으로 바라보지 않았다. 아들을 하나의 완전한 존재로 보았고 자녀가 무엇을 원하고 어떤 일에 가장 흥분되는지 세밀하게 관찰하고 경청했다. 무엇보다 아들이 달릴 때만큼은 장애인이라는 사실을 느끼지 못했다는 놀라운 사실을 고백했을 때 아들의 완전한 존재의 회복을 확신했다. 결국 아들 릭은 자신이 얼마나 소중한 존재이며 자유로운 존재인지 경기마다 느꼈고, 그 기쁨과 열정이 생명을 살렸다.

고단한 철인 3종 경기를 마치고 릭은 자신의 친구이자 위대한 코치인 아버지를 바라보며 열심히 마음속으로 뭔가를 생각하고 있었다. 힘들고 지루했던 마라톤의 여정이나 다른 경기에서 인내의 과정을 거치면서 수도 없이 생각했을 단어가 컴퓨터 화면을 통해 깜박거리며 나타났다.

"나는⋯할⋯수⋯있어⋯요."

부모코칭 스텝

치열한 세계 속에서 우리 아이는 어떻게 세계적인 리더로 영향력을 발휘하며 행복하게 살 수 있을까? 우리 아이에게 있는 강점에 에너지를 집중시켜 그 분야에서 세계 1인자가 되도록 돕는 것만이 유일한 길이다.

Step 1 호기심을 가지고 새로운 것을 즐기라

화려한 조명과 관객들의 우레와도 같은 박수를 받으며 무대에 오른 여성 연주가 한 명이 있었다. 전도유망한 연주가인데다 외모까지 훌륭하여 플래시 세례를 받으며 바이올린을 켜기 시작했다. 관객들은 그 연주를 깊이 음미하기 시작했고, 열정적으로 연주하는 부분에서는 깊은 감명을 받기도 했다.

2시간 정도의 열정적인 연주를 마친 그녀는 관객들에게 커튼콜까지 받은 후 무대에서 내려왔다. 그녀의 대기실에는 음악신문 기자들이며 여성잡지 기자들이 몰려와 인터뷰를 요청했다. 물론 그녀의 뒤에는 늘 그림자처럼 따라다니는 그녀의 어머니도 계셨다.

"오늘 연주 정말 훌륭했어요. 자신이 음악적인 재능이 있는 걸 언제 알게 되었나요?"

"저는 잘 기억이 안 나지만 제가 세 살 때부터 바이올린을 켰다고 해요. 어머니께서 연주할 수 있는 환경을 만들어 주셨고 그때부터 연주를 했던 것 같아요."

"연주할 때 주로 어떤 생각을 하나요?"

"머릿속으로 악보를 그리려고 해요."

"음악을 하다보면 슬럼프에 빠질 때도 있을 텐데, 포기하고 싶을 때는 없었나요?"

"물론 그럴 때도 있죠. 하지만 그때마다 어머니께서 제게 용기를 주셨어요. '잘 할 수 있다, 넌 재능이 있다'고 말씀하셨죠."

"음악가의 꿈은 단 한번도 흔들리지 않았나요?"

"글쎄요. 사실은 다른 꿈도 있었지만 엄마가 실망하실까봐 말은 못하고 음악만 했어요. 또 하다 보니 음악가의 길이 제 길이란 생각이 들었구요."

인터뷰를 마치고 그녀는 어머니와 함께 집으로 돌아오고 있었다. 늘 그녀의 뒤에서 그림자처럼 따라다니며 뒷바라지를 해 주시던 어머니가 물었다.

"이루고 싶었다던 다른 꿈이 무엇이었니?"

"실은 초등학교 2학년 때 철봉을 하는데 너무 재밌었어요. 체육선생님도 내가 재능이 있다고 했어요. 체육선수로 체력조건도 좋다고 하시면서. 그때부터 초등학교 5학년이 될 때까지 학교에 있을 땐 자주 철봉에 매달렸어요. 정말 재밌었으니까."

"엄마한테 한번 말이라도 해 보지 그랬니?"

"엄마는 늘 내가 바이올린 연주하는 것만 신경 썼잖아요. 물론 용기내서 말해보려고 했어요. 그런데 마침 그날 엄마가 학교 운동장 앞을 지나가면서 철봉에 매달려 있는 어떤 친구를 보더니 이렇게 말씀하셨어요. '쯧쯧 집에는 언제 가려고…. 저렇게 노는 걸 좋아하는 애들은 분명히 공부에는 관심도 없을 거야.' 그 애기 듣고 나니까 말하기 싫어졌어요. 만약 말했더라도 엄마는 '네 재능이 얼마나 뛰어난데 저 정도로 만족하니?' 라고 말했을 거예요"

어머니는 그날 충격에 빠졌다. 성공대열에 합류한 딸에 대한 기쁨이 아니라, 그동안 자신이 뭔가 잘못했던 건 아닌가 하는 복잡한 심정이 되었다. 생각 한편에서는 "그래도 너나 하니까 딸을 저만큼 바이올리니스트로 성공시킨 거야. 봐, 저렇게 연주가로 성공했으니 부모도 좋고 자식도 얼마나 좋으니?"라고 말했고, 또 한

편에서는 "엄마가 되서 딸이 뭘 원하는지 제대로 알지도 못했다니…. 아무리 성공도 좋지만 지금 딸은 자신의 모습에 만족하지 않고 있잖아." 하고 말하고 있었다.

무엇보다 어머니를 심난하게 만든 것은 딸의 반응이었다. 엄마를 원망하는 것은 아니었지만 왠지 자신이 진심으로 원했던 것이 아닌, 다른 길을 선택한 것에 대한 냉소적인 반응이랄까. 딸의 어린 시절의 일들이 주마등처럼 스쳐 지나갔다. 학교에서 돌아온 아이에게 바이올린 가방을 들려주며 엉덩이를 두드려주던 기억, 연습을 하루라도 빠지고 싶어 떼를 쓰는 아이에게 "넌 연주하는 걸 제일 좋아하잖아."라고 억지로 주입시켰던 기억 등을 생각하며 어머니는 처음으로 과거를 돌아보게 되었다.

많은 부모들이 바라는 것은 비슷하다. 자녀들이 잘 되는 것이 부모들의 바람이요 행복이다. 앞의 이야기처럼 연주자 자녀를 둔 부모가 바라는 것은 음악적 재능을 지닌 딸이 연주자로 성공하는 것이다. 물론 그것은 자녀가 잘 되는 일이기도 하다. 그러나 연주자로 성공한 딸이 과연 자신이 하는 일을 가장 재미있어 하고 그 선택을 후회하지 않으며 살 수 있을까? 물론 스포트라이트를 받으며 어려운 연주를 한 곡 한 곡 마스터해 나갈 때마다 어느 정도 성취감은 얻을 수 있을 것이다. 하지만 그녀가 인터뷰에서 밝혔듯 연주자로서 딸은 완전히 만족하거나 즐기고 있지 못했다. 그것은 어머니의 꿈을 고스란히 이어받아가고 있기 때문이다. 정작 자신이 하고 싶던 일에 대해서는 어머니의 편견때문에 한 번도 제대로 반응하지 못했다.

많은 부모들이 하는 실수 중 하나가 '속는 것'이다. 자녀가 아니라 자기 자신에게 속는 것이다. 연주자의 어머니는 어떤 판단을 했었을까? 세 살부터 바이올린을 만지작거리는 어린 딸을 보면서 판단한다.

"아, 우리 애가 바이올린에 관심이 많구나. 혹시 음악적 재능이 있는 건 아닐까?"

본격적으로 연주학원에 등록한 뒤 레슨 과정을 지켜보며 판단한다.

"저렇게 틀리지도 않고 감성적인 연주를 하다니. 쟤는 분명 바이올리니스트가 될 거야."

때때로 레슨 가는 것을 거부하고 하기 싫어하는 아이를 보며 또 판단한다.

"그래, 매일 같은 일을 하는데 지겹기도 하겠지. 그래도 누구나 슬럼프가 있잖아. 우리 아이가 겪고 있는 건 슬럼프일 거야. 이 시기만 지나면 괜찮아져."

부모는 자녀에게 자신의 생각과 판단을 끊임없이 주입한다. 아이는 아직 자신의 생각을 논리정연하게 밝히기 어렵고, 강하고 확신에 찬 어머니의 판단이 들어오면 흔들린다.

'엄마의 말처럼 내가 정말 슬럼프라는 걸 겪고 있나보다.'

그러나 이것은 속고 있는 것이다. 어떤 것에 대해 저항과 스트레스가 강하게 나타나면 그것을 인내하고 참음으로써 극복하기 전에, 보다 즐겁고 신나는 것은 무엇인가를 생각해 보아야 한다. 그리고 보다 흥미롭고 즐겁게 느껴지는 것을 시도해봄으로써 새로운 재능을 확인해 보아야 한다.

부모코칭의 첫 스텝은 부모가 자신의 생각과 판단으로 아이를 묶어 놓지 말고 아이가 새로운 것을 시도할 때 '호기심을 가지고 새로운 것을 즐기라' 는 것이다. 자녀가 자신의 생각대로 성장한다면 누구보다 성공하고 행복해할 거라는 생각에 속지 말라. 부모가 느끼는 성공의 척도와 행복의 조건이 있듯이, 자녀 스스로가 느끼는 행복의 조건이 있다. 자녀가 행복을 느끼는 일이 부모의 생각과 판단에는 보잘 것 없는 것이라 하더라도 아이에게는 가장 행복한 것이다.

비록 철봉에 매달려 있는 것이 왜 기쁜지 이해되지 않더라도 호기심을 가지고 그것을 즐기라. 거꾸로 철봉에 매달려 있으면서 행복해하는 아이에게는 분명히 나름대로의 생각과 꿈이 있다.

●○○ Step 2 에고가 아닌 존재를 선택하라

중년 여성 열명이 모여 있는 곳에서 한 가지 질문을 했다.

"당신은 누구입니까?"

그러자 모두들 갑작스런 질문에 당황하더니 한 사람이 용감하게 소개를 시작했다.

"저는 평범한 가정주부입니다. 남편은 대기업 인사부장으로 있고 두 아들은 모두 중학생입니다. 집은 강남 아파트이고 아이들 뒷바라지 하면서 살고 있습니다."

한 사람이 자신에 대한 소개를 하자 다른 여성들도 입을 열어 자신을 소개했다.

"안녕하세요. 저는 주부이면서 직장인입니다. 제가 하는 일은 도서관 사서고요. 요즘 살이 쪄서 좀 고민하고 있기도 합니다. 호호."

일단 대화의 물꼬가 트자 중년 여성들 특유의 수다스러운 분위기가 연출되며 열명의 여성들은 비슷비슷한 소개를 했다. 그들은 서로 공감하기도 하고, 때론 즐거워하며 웃기도 했다.

그러자 질문자는 다시 물었다.

"그런데 여러분, 누구의 엄마, 누구의 아내, 어떤 일을 하는 사람이 여러분 자신입니까?"

"아휴, 선생님도 저희 나이 되어 보세요. 누구 엄마 누구 아내로 살 수밖에 없어요. 어떤 땐 제 이름이 뭐였는지 잊어버릴 때가 있다니까요."

"맞아 맞아. 한번은 동사무소 가서 등본을 떼는데 누가 이름을 자꾸 부르는데도 대답을 안 하길래 두리번거렸더니 글쎄, 제 이름을 불렀던 거예요. 호호호."

부모라는 타이틀이 있는 그들은 부모로서의 역할을 충실히 하고 있다는 듯 대화를 이어갔다.

아마도 이 이야기는 우리 주변에서 흔히 들을 수 있는 이야기일 것이다. 자신에 대해 소개를 하라고 하면 대부분 사회적으로 맞혀진 틀 안에서 자신을 드러내려 한다. 그렇기 때문에 자신이 하는 일, 자신이 맡은 역할 등에 초점을 맞추게 된다.

나를 말할 때 두 가지 기준이 있다. 하나는 자아를 뜻하는 '에고'이고 또 하나는 '존재'다. 단어가 조금 어려울 수도 있다. 모두 철학에서나 나올 법한 단어들이지만, 이 두 가지는 부모코칭에 있어서 반드시 생각해야 할 것이다.

우리는 흔히 에고에 사로잡혀 생각한다. 에고라는 것은 자아를 뜻하며 인식하는 행동의 주체를 말한다. 이것은 처한 상황과 환경에 따라 만들어진 나를 말한다. 더 쉽게 말하자면 남에게 비춰진 자신의 모습을 '나'라고 생각하는 것을 의미한다. 반면 존재는 '나는 나 그 자체다'라고 인정하는 것이다.

에고에 사로잡혔다는 것은 돈, 명예, 성취, 재산, 건강, 평가에 따라 자신의 모습을 결정한다는 것이다. 내가 소유한 것, 내가 성취한 일이 나라고 생각하며 다른 사람이 나를 평가하는 것을 나라고 착각한다. 또는 내가 받은 교육과 건강이 나라고 생각한다.

"나는 평생 열심히 일해서 장가갈 아들 녀석을 위해 아파트도 한 채 마련해 놨고, 이젠 노년에 먹고 살 걱정 없이 준비해 놨으니 큰 걱정이 없어요."

만약 이렇게 자신에 대해 말한다면, 이 사람은 자신이 가진 아파트와 재산이 자신이라고 생각하는 것이다. 이것은 자기의 존재가 말하는 것이 아니라 에고가 말하는 것이다.

만약 이 사람이 아파트를 장만해 놓지 못하고 노년에 먹고 살 만큼 벌어놓지 못했다면 '존재'가 없는 것인가? 건강하지 않고 존경받지 못했다면 '존재'가 아니었을까? 그건 아니다. 재산이나 건강, 명예가 있든 없든 간에 나는 나로서 존재한다. 그런데도 많은 사람들은 에고에 사로잡힌 자신의 모습을 진짜 나라고 착각한다. 그래서 못 가진 것에 대해 섭섭해 하고 성취하지 못할 때 절망한다. 또한 남이 자신을 인정해 주지 않을 때 좌절하며 건강하지 못할 때 자신감을 잃기도 한다.

자녀의 코치가 되어야 할 부모에게 존재를 아는 일은 매우 중요하다. 자신이 어떤 존재인지 정확히 볼 수 있어야 올바른 코칭이 시작되기 때문이다. 물론 지금까지 방치해 두었던 존재를 발견하는 일은 지난한 과정이 될 수도 있다. 존재라는 말 자체가 어렵게 느껴져 거부감을 느낄 수도 있다. 그러나 존재를 발견한다는 것은 바로 자기 자신을 발견하는 것이다. '에고'가 외부의 조건인 돈이나 명예, 성취나 재산 등을 나타낸다면 '존재'는 태어날 때부터의 존귀함과 사랑, 성품 등에 비춰진 자신의 모습이다.

"나는 태어날 때부터 존귀한 존재다."

"나는 사랑받을 만하고 사랑을 베풀기를 즐기는 존재다."

"나는 누구보다 따뜻한 성품을 지닌 존재다. 이 존재감을 더욱 느끼기 위해 만나는 사람들과 즐거운 인사를 나눌 것이다."

이렇듯 자신의 내면을 들여다보는 일이 존재를 발견하는 것의 시작이 된다. 자신의 순수한 진짜 존재를 잘 알기 위해서는 '센터링'을 하는 것이 좋다. 센터링이란 내가 바뀌는 과정으로, 내 안의 순수한 내 모습으로 돌아가도록 도와주는 가장 빠른 방법이다. 흔히 말하는 명상과는 다르다. 처음에는 시간을 정해놓고 심호흡을 하고 머릿속의 생각이나 판단을 모두 지운다. 그리고 의식 깊은 곳까지 계속 내려가다 보면 어느 순간 자신의 존재와 만나게 된 것이다. 센터, 즉 마음의 중심에 온 신경을 집중하여 자신의 존재와 만나는 일이 바로 센터링이다.

물론 처음에는 잘 안 될 수도 있다. 잡념과 판단이 들어오고 집중이 잘 되지 않을 수도 있지만 꾸준히 매일 반복하다 보면 어느 순간 성공하게 될 것이다. 그 상태에서 만나는 자신의 존재는 대단한 에너지와 힘을 지닌다. 그 순간만큼은 세상에서 가장 평온하며 무엇이든 할 수 있고 무엇이든 사랑할 수 있는 상태가 된다. 가장 중요한 효과는 자신의 감정과 의지를 조정할 수 있다는 것이다.

센터링을 하기 전에 불안하고 조급하며 긴장하고 있던 사람들도 10여 분간 자신의 의식에 집중하여 존재를 찾아 가다보면 대부분 편안함과 여유로움, 안정감을 느낀다. 센터링이 잘 되지 않은 경우라고 해도 처음의 감정보다는 많이 나아진다.

센터링의 효과는 이미 미국의 연구결과를 통해 입증되었다. 미국의 우범지역의 사람들을 상대로 센터링을 해본 결과 범죄율이 현격히 줄어들었다. 뿐만 아니라 센터링이 정신과 육체의 건강에도 얼마나 큰 영향을 주는지, 또한 뇌의 활동에도 얼마나 큰 효과를 주는지 이미 입증된 바 있다.

그러나 무엇보다 부모코칭에 있어 센터링의 가장 큰 효과는 부모가 자신의 순수한 존재를 회복함으로써 자신의 감정을 통제할 수 있다는 것이다. '나는 이런 존재이기 때문에 내 존재대로 한다'

하고 부정적인 감정에 휩싸이지 않고 평정심을 유지할 수 있다.

자녀와의 심각한 갈등으로 고민하고 있는 부모가 있었다. 사춘기에 접어든 아이는 날마다 학교에 가지 않겠다며 부모에게 대들었고 부모 역시 아이의 행동에 강경하게 맞서고 있었다. 그들은 자신이 해주지 않은 일이 없는데 대체 왜 이런 갈등이 일어나는지 모르겠다며 안타까워했다. 그런데 그 부모는 코칭의 전 단계라 할 수 있는 존재발견 즉 센터링을 거듭하며 완전히 바뀌었다.

"센터링을 하다 보니 저 밑바닥에서 제 자신이 보였습니다. 저의 순수한 존재는 사랑을 주는 것을 좋아하는 사람이었어요. 그런데 지금까지 저는 나의 순수한 존재를 의식하지 못하고 미움과 화로 나를 채웠어요"

그 부모는 그동안 자녀와 쌓아왔던 불신과 미움의 장벽을 단숨에 부숴버렸다. 그리고 사랑을 베풀기 좋아하는 존재대로 아이와 사랑이 넘치는 대화를 시작할 수 있었다.

부모가 에고의 관점에 붙잡혀 있으면 자녀들은 눈으로 보이는 것과 평가가 전부라고 생각하여 부모의 에고를 만족시켜 주기 위해 돈과 성취, 재산 등에 인생의 초점을 맞추게 된다. 하지만 자기 존재를 의식하고 존재의 모습대로 사는 부모의 자녀들은 자신들도 순수한 존재대로 성실한 삶을 살게 된다.

자녀는 부모의 거울이다. 이 거울에 에고 덩어리에 사로잡혀 있는 모습과 순수한 존재를 나타내는 모습 중 어떤 모습이 비춰지 기원하는가? 부모가 코치가 되기 위해서는 매일매일 자신의 순수한 존재로 돌아가 불필요한 에고 덩어리를 제거해 나가야 한다.

TIP

센터링 방법

센터링하는 방법은 아주 간단하다. 시간은 10분에서 30분 정도가 적당하다. 가능하면 조용한 곳에서 센터링하는 것이 좋다.

이제 편안한 자세로 눈을 감는다. 그리고 천천히 심호흡을 한다. 이때 코로 숨을 들이마셨다가 입으로 내쉰다. 그리고 "사랑, 사랑"을 여덟 번 외친다(이때 사랑은 임의로 정한 단어일 뿐, 다른 단어도 무방하다). 다시 심호흡을 한 뒤 처음 소리의 반만큼 "사랑, 사랑"을 외친다. 또 다시 심호흡을 한 뒤 사랑을 외치되 소리가 없어질 때까지 마음속으로 사랑을 외친다. 잡념이 들어오면 처음부터 다시 시작한다. 이제 마음속으로 깊숙이 들어가며 내 존재와 만나게 된다. 평화로운 모습의 자신과 만날 수도 있고, 바다 속 깊이 들어간 자신과 만날 수도 있다. 어떤 모습이든 상관없다. 이제 자신의 존재를 관찰한다. 자신이 바라보고 있는 자신의 존재에 대해 입으로 선포한다. 그 선포는 자신이 생각하는 나에 대한 정의다. 센터링이 끝난 뒤 서서히 눈을 떠서 다른 사람이나 주위 사물을 바라본다. 존재로 바라볼 때의 엄청난 차이를 느낄 수 있을 것이다.

센터링의
효과

많은 사람들은 상대방의 행동을 관찰하며 판단과 추측을 한다.

"저 사람은 왜 저런 행동을 했을까?"

"저 아이는 무슨 생각으로 저런 일을 했을까?"

센터링은 내 안의 힘을 만드는 방법이다. 내 안의 '나'를 관찰함으로 상대방의 존재를 보게 된다. 실제 센터링을 한 상태에서 상대방을 바라보면 센터링이 되지 않았을 때 느낀 첫인상과 편견은 사라지고 존재 자체로 볼 수 있다.

실제로 센터링이 된 상태와 그렇지 않은 상태의 차이를 비교해 볼 수 있는 간단한 실험을 해 보면 센터링의 힘을 알 수 있다. 센터링이 되지 않은 상태에서 양발을 어깨 너비로 벌린다. 그때 옆에 있는 사람이 밀면 금방 넘어진다. 그러나 센터링을 한 후 온몸의 힘을 쫙 뺀 상태로 있을 때 밀어보면 흔들리지 않는다. 무의식 상태로 있을 때 훨씬 더 힘이 생기는 것을 느낄 수 있다. 그만큼 존재로 가득하게 되면 외부의 조건에도 끄떡없다.

●○○
Step 3 자녀를 관찰하라

아주 오래 전, 조선을 건국한 태조 이성계와 무학 대사가 만났다. 두 사람 모두 나라를 움직이는 걸출한 사람들이다. 둘은 주안상을 앞에 두고, 술을 주거니 받거니 하다 만취하게 되었다. 그때 이성계가 갑자기 무학 대사에게 농을 걸고 싶어졌다. 거나하게 취한 목소리로 이성계가 말했다.

"대사님, 대사님 얼굴이 꼭 돼지 같습니다. 허허허"

농을 건네받은 무학 대사는 너털웃음을 짓고 있는데, 이성계가 다시 묻는다.

"대사님 보시기엔 제 얼굴이 어떻게 보이십니까?"

"전하의 모습은 꼭 부처같습니다."

"아니, 대사님. 저는 돼지같다고 했는데, 어째서 제게 그런 칭찬을 하십니까?"

그러자 무학 대사는 껄껄 웃으며 이렇게 대답했다.

"돼지 눈에는 돼지만 보이는 법이고 부처 눈에는 부처만 보이는 법이지요."

인수의 부모는 늦둥이 인수에 대한 실망감에 당황스러웠다. 손이 귀한 집안에 태어난 인수는 온 집안의 기대를 한 몸에 받고 자랐기 때문에 부모는 아이에게 할 수 있는 모든 지원을 아끼지 않았다. 아이는 서너 살 때부터 부모의 손에 끌려 다니며 창의력을 계발하는 프로그램, 기억력을 높이는 프로그램 등 영재교육이란 교육은 다 받았다. 역시 교육의 효과는 있었다. 초등학교에 들어갈 때까지 아이는 교육의 효과를 톡톡히 보며 또래 친구들보다 앞서갔다.

그런데 초등학생이 된 인수는 점점 성적이 떨어지더니 자신감도 사라졌다. 그럴수록 부모는 더욱 안달이 나서 어떤 프로그램이 좋을지 고민했다. 하루는 담임선생님과 상담을 하러 간 부모는 선생님으로부터 뜻밖의 말을 듣게 되었다.

"인수가 춤추는 걸 좋아하는데 알고 계셨죠?"

"춤이요? 아니, 갑자기 웬 춤을? 걔는 공부만 했었는데요."

"그랬나요? 얼마 전 체육대회가 있어서 우리 반 아이들 모두 노래에 맞춰 춤을 췄는데 인수가 얼마나 춤을 잘 추던지 깜짝 놀랐어요. 저는 배운 줄 알았는데…. 한번 집에서 잘 지켜보세요. 아마 인수의 몸놀림이 심상치 않은 걸 발견하실 겁니다."

인수의 부모는 의외의 소식에 놀라울 따름이었다. 그날 저녁, 집으로 돌아온 인수의 부모는 선생님의 조언대로 아이를 관찰하기로 했다. 인수는 여느 날과 다름없이 학원을 다녀와서 화장실로

씻으러 들어갔다. 그런데 그때 흥얼거리는 소리와 함께, 문 틈사이로 양치질을 하며 이리저리 몸을 움직이는 인수의 모습이 보였다. 사실 화장실에서 인수가 콧노래를 부르는 소리는 아주 예전부터 들었던 것이다.

씻고 나온 인수는 방으로 들어가서 숙제를 하는데, 의자에 앉아 있을 때도 스텝을 밟으며 손을 이리저리 움직였다. 그제야 인수의 부모는 아이의 몸이 리듬을 타고 있다는 것을 알아차릴 수 있었다. 사실 부모에게 춤을 추는 아들의 모습은 충격이었다. 하지만 너무도 천진하고 밝은 표정의 인수의 모습은 아름다워 보였다. 십여 년 간 보아온 아들의 표정 중에 최고의 표정이었다.

"인수야, 너 리듬을 타는 것 같은데 무슨 노래에 맞춰서 리듬을 탔니?"

"요즘 유행하는 힙합이요."

"네 생각엔 네가 춤에 소질이 있는 것 같니?"

"소질은 모르겠고요, 공부할 때보다 춤 출 때가 더 행복해요."

인수의 부모는 그날 아이와 처음으로 진지한 대화를 나누었다. 무엇보다 춤 이야기를 할 때 빛나는 아들의 눈빛을 보며 부모는 진실을 깨달을 수 있었다. 인수는 이젠 당당하게 자신을 표현하는 아이가 되었다.

십여 년을 가족으로 살면서 정작 아이에 대해 제대로 관찰하지 못했던 부모였지만, 자녀를 있는 그대로 관찰함으로써 그 가족은 삶을 즐길 수 있게 되었다.

학교 끝나기가 무섭게 아이를 데리고 나와 등을 떠밀며 학원 길을 종용하던 부모 자식 사이에서, 이젠 아이가 듣는 음악을 나눠 들으면서 길가에 핀 꽃도 구경하고 공원에 앉아 아들 녀석 춤추는 동작을 조금 배워보는 관계로 바뀌게 되었다. 인수의 부모는 이러한 변화를 겪으며 다음과 같은 말을 했다.

"우리 아이는 자신의 몸을 움직이고 있을 때 가장 활력을 느꼈던 거예요. 게다가 그동안 부모인 우리에게 계속해서 사인을 보내고 있었지만 우리가 그걸 몰랐던 거죠. 우리가 아이를 멋대로 판단하고 재단하려 했던 겁니다. 그나마 이제라도 우리 아이가 무엇을 제일 좋아하는지 알아서 얼마나 다행인지 몰라요. 물론 부모 욕심에는 춤보다는 공부 쪽에 인정받는 아들이 되길 바라지만, 그것조차 우리의 욕심인 걸 알았어요."

지금 인수의 부모와 인수는 '현재를 즐기는' 일에 충실하고 있다. 이처럼 부모와 자녀 사이에서 '현재를 즐기는 것'은 상당히 중요한 의미를 지닌다. 순간순간을 부모와 함께 살아가고 있다는 것을 자녀가 느끼게 될 때, 자녀의 에너지는 폭발적으로 증가하기 때문이다. 춤을 즐기고 있는 인수의 모습에 부모가 제동을 걸었다면 아이는 언제나 부모의 눈을 피해 몰래 춤을 추거나 춤을 출 때마다 죄책감을 느껴 정말 좋아하는 것을 놓칠지도 모른다. 그러나 용감한 인수의 부모는 아이와 현재에 참여함으로써 인수가 원하는 것을 찾고 자신감을 얻도록 했으며, 그것을 바라보는 부모 역시 인생을 즐길 수 있게 된 것이다.

지나치게 부모에게 스킨십을 하는 아이가 있었다. 엄마와 아빠는 시도 때도 없이 애정표현을 하려는 아이를 보면서 짜증이 나기도 하고 어떤 땐 혹시 애정결핍은 아닌지 걱정이 되기도 했다. 그러나 아이를 관찰하기 시작하면서 아이의 새로운 면을 발견하게 되었다. 시도 때도 없이 애정을 표현한다는 것은 오해였다. 아이는 맞벌이를 하는 부모와 오랜 시간을 함께 보낼 수 없기 때문에 부모와 함께 있는 짧은 순간에 애정표현을 진하게 했던 것이다. 그제야 부모는 아이에 대한 관찰이 가능해졌다.

"우리 아이가 부모에게 사랑을 받고 싶어 하는구나."

이렇게 관찰을 하면 아이의 행동을 이해할 수 있게 되고, 이해는 현재를 즐기는 것으로 발전할 수 있다. 잠자리에 들기 전 아이와 진한 뽀뽀와 포옹을 나눌 수 있고, 퇴근하여 돌아와 저녁을 준비하기 전 단 10분이라도 아이와 눈을 맞추며 얼굴을 비빌 수 있다. 지나친 스킨십이라 여겨졌던 아이의 접촉은 부모 자식 간의 즐거운 의식이 될 수 있고 그들은 코칭의 스텝을 밟아가는 것이다.

Step 4 경청하고 질문하라

1997년 미국의 해군 전투함인 벤포드 호 함장의 취임식이 거행되었다. 먼저 전임 함장의 퇴임식이 끝나자 많은 장병들은 야유와 비난을 퍼부었다. 함장으로 있는 동안 강압적으로만 함대를 이끈 탓이었다.

후임으로 이임하게 된 아브라쇼프 함장은 이 모습을 지켜보며 수년 뒤 자신의 모습을 상상해 보았다. 과연 이 장병들이 자신이 퇴임할 때 지금처럼 조소와 야유를 퍼부을 것인가, 아니면 존경심을 표하며 퇴임을 안타까워 할 것인가 생각해 보니 정신이 번쩍 들었다.

이에 아브라쇼프 함장은 이임을 하자마자 제일 먼저 '경청'을 시작했다. 함장은 벤포드 호에 올라 수많은 장병들을 한 사람씩 만나기 시작했다. 그리고 그들과 대화를 나누며 그들의 말에 귀를 기울였다.

"자네는 지금 생활에서 가장 큰 불만은 무엇인가?"

"저는 매일같이 허드렛일을 해야 하는 것이 싫습니다. 밑바닥을 청소한다거나 페인트칠을 하려고 해군이 된 건 아니니까요."

"음. 그렇지. 훈련받기도 고된데 여러가지 다른 일까지 처리해야 하니 힘들겠군. 그런데 어떻게 하면 주어진 일들을 더 효과적으로 할 수 있을까?"

아브라쇼프 함장은 몇 달 동안 장병들을 만나며 그들의 이야기를 경청했다. 허드렛일 즉 배 밑바닥을 청소하거나 페인트칠을 하는 일, 수천 개의 녹슨 나사를 교체해야 하는 번거로운 일 등에 대한 장병들의 불만을 충분히 들어주면서 공감해 주었다. 그들의 말을 충분히 들어준 다음에는 효과적으로 일을 진행하기 위한 방법을 물어보았다. 장병들은 수천 개의 녹슨 나사를 녹슬지 않는 알루미늄 나사로 교체하는 방법을 제안했고, 아브라쇼프 함장은 장병들의 말을 받아들였다.

그리고 1년 뒤, 해군의 전투력을 측정하는 과정에서 벤포드 호 함대는 최고의 점수를 받았다. 벤포드 호 장병들은 예전처럼 하기 싫은 일을 억지로 하는 장병이 아니라 자발적이고 자신감 넘치는 능동적인 장병으로 거듭났다. 그들에겐 사소한 의견까지도 귀를 기울여 들어 주고 스스로 해결책을 찾아 책임을 완수하도록 격려하고 지지하는 코치 함장이 있었다. 함장의 코칭 덕분에 장병들은 고되고 어려운 군생활을 보다 긍정적으로 생각하게 되었고, 궂은 일이라 생각했던 자신의 일에 대해 보람과 성취감을 느낄 수 있었다.

우리는 여기서 경청의 위대함을 느낄 수 있다. 사실 아브라쇼프 함장이 한 일은 장병 한 사람 한 사람의 이야기를 잘 들어준 것뿐이었다.

존경받는 부모는 자녀의 이야기나 욕구, 호기심을 잘 경청하는 사람이다. 아이는 끊임없는 호기심과 욕구를 들어줄 사람이 필요하다. 부모가 그들에게 관심을 가지고 경청해 준다면 자녀들은 자신의 무한한 잠재력을 실현하고 꽃피울 것이다.

웹스터라는 사람은 '경청하다'(Listen)라는 동사를 이렇게 정의했다.

"들으려고 의식적으로 노력하다. 듣기 위해 가까이 다가가다."

경청은 단순히 듣는 것을 넘어 상대방이 어떤 의미로 이야기하는지 그 마음을 이해하려고 하는 것이다.

초등학생인 성은이는 체육대회에서 반 대표로 배구 경기에 출전했다가 첫 경기에서 지고 돌아왔다.

"엄마, 우리 반이 3반한테 졌어요. 정말 속상해요."

"졌어? 뭐, 이길 수도 있고 질 수도 있지."

아마 대부분 반응이 이럴 것이다. 그러나 경청하는 부모는 속상해 하는 아이의 표정과 몸짓에서부터 충분히 공감을 하며 반응한다.

"어머나, 졌구나. 우리 딸이 경기에서 져서 무척 속상하구나."

"네."

"성은이가 이번 경기에 얼마나 기대를 많이 했는지 알고 있었는데 엄마도 속상하다."

성은이는 경기에 져서 속상했지만 엄마가 자신의 속상한 마음을 알아주고 함께 공감해 주자 금방 기분이 좋아졌다. 그러고는 "다음에는 너희 반이 지지 않으려면 무엇을 더 잘 준비하면 좋을까?" 하는 엄마의 질문에 바로 다음 기회를 잘 준비하고자 하는 마음을 갖게 되었다.

부모님이 자신의 기분을 충분히 이해하고 공감한다는 사실을 느끼는 순간, 아이들은 자신이 존중받고 있다고 생각하게 된다. '아, 우리 엄마 아빠가 내 기분을 이해해 주고 있구나. 날 존중해 주고 있구나' 하고 느끼는 것이다.

반면 부모가 자녀의 이야기를 이해하지 못하는 경우, 자녀는 자신의 감정과 생각이 부모에게 무시당하고 있다고 느끼게 된다. 그렇게 되면 부모에게 말하는 것에 자신감을 잃게 되고 점점 대화가 끊어진다.

일곱 살짜리 사내아이를 둔 엄마가 있었다. 아이가 어찌나 장난을 심하게 치는지 엄마는 아이가 벌여놓은 일을 뒤처리 하느라 스트레스를 잔뜩 받았다. 그런데 어느 날부터 아이가 잠자리에서 실례를 하는 것이다. 커다란 지도를 그려놓은 아이를 발견한 엄마는 그간에 아이에게 받았던 스트레스가 한꺼번에 폭발했다.

"너, 대체 몇 살이야? 내일 모레면 학교 갈 녀석이…. 왜 그랬어?"

"으앙! 그게 아니구."

"아니긴 뭐가 아니니? 안 되겠다. 너 오줌 쌌으니까 할머니 집에 내려가서 소금 얻어와."

화가 난 엄마는 아이의 등을 떠밀어 기어코 소금을 받아오게 했다. 그런데 다음 날 아침에 보니 아이가 또 이불에 실례를 한 것이다. 급기야 엄마는 아이의 버릇을 다잡겠다며 매를 들었고 아이는 악을 쓰고 울며 매를 맞았다. 그런데 이런 일은 일주일째 계속되었고, 엄마는 갑자기 덜컥 겁이 났다. 무슨 이상이 생긴 건 아닐까? 그날 아침 엄마는 아이에게 진지하게 물어보기 시작했다.

"일주일째 이불에 오줌을 싸는데, 어디 아프니?"

"아니요."

"밤에 쉬가 마려우면 화장실에 가는 걸 알고 있을 텐데…."

"알아. 화장실에 가려고 했어. 근데 지난주 토요일에 사촌형이랑 봤던 무서운 영화가 자꾸 생각나서 화장실에 못 가겠어. 복도에 불도 없잖아."

"아… , 그랬구나. 그러면 진작 그렇게 말하지."

"엄마한테 혼났을 때 말했어. 그런데 엄마가 안 들었어."

그제야 엄마는 아이에게 말할 수 없는 미안함을 느꼈다. 처음부터 아이의 말에 귀를 기울였다면 일주일 동안의 불행은 일어나지 않았을 것이고 아이는 두려움과 공포에 빠지지 않아도 되었을텐데 말이다. 엄마는 아들을 품에 꼭 안아 주며 진심으로 사과했다.

"엄마가 네 말을 듣지 못해서 미안해. 오늘 당장 화장실 가는 복도에 스탠드를 놓을게. 그리고 이제부터는 네가 하는 말을 잘 들어 줄게. 그러니 너도 엄마에게 숨김없이 말해줘."

비로소 엄마와 아들 사이에 경청이 시작되었다.

미국의 위대한 대통령이자 실패를 딛고 일어선 성공신화의 주인공인 아브라함 링컨이 최고의 경청자라는 사실은 유명하다. 그의 친구가 찾아와서 가슴 아픈 과거지사를 털어 놓았을 때 그는 공감하며 묵묵히 들어 주었고, 변호사 시절 억울한 일로 찾아온 의뢰인의 말을 경청하며 의뢰인을 위해 최선을 다한 유명한 일화도 있다.

링컨은 경청하는 태도가 워낙 몸에 뱄던 터라, 사람을 만날 때면 그 큰 키를 최대한 줄여 상대방에게 맞추려 했다. 그러다보니 자연히 허리가 구부정한 자세가 되었고, 그러한 자세는 대통령이 되어서도 마찬가지였다고 한다.

만약 누군가가 내 이야기를 듣기 위해 자세를 낮추고 몸을 구부려서 슬프거나 기쁜 감정을 충분히 공감하며 경청하고 있다고 생각해 보라. 그 순간만큼은 자신이 최고로 존중받고 있다는 생각이 들 것이다. 자신감을 되찾고 스스로 해결책을 내놓을지도 모른다. 우리의 자녀 역시 이런 존중감과 자신감을 느낄 수 있도록 매일매일 경청의 통로를 열어 놓아야 한다. 누군가 자신의 이야기를 끝까지 경청한다는 것을 느낄 때마다 아이는 그 사람에게 조금씩 더 친밀감을 갖게 된다.

자, 이번 한 주간 동안 우리 아이들에게 경청 실습을 해 보자. '안 돼!' '그만!' '빨리!' 부정적이고 강압적인 말은 일체 금하고, '와! 그래!' '음' '대단하구나' '음, 그래서?' '더 이야기해 줄래?' 등과 같은 긍정과 경청의 말만 사용해서 무조건 그들의 이야기를 들어주기만 해 보라. 그런 후에 아이들이 어떻게 변하는지 즐기면서 관찰해 보라.

●●○ Step 5 축하하라

미국에서 생활할 때 미국인 가정을 방문한 적이 있었다. 홈스쿨을 통해 알게 된 그 가정은 이미 코칭을 공부한 부모와 자녀들이 활발한 커뮤니케이션을 이루며 살고 있었다. 마침 우리가 방문한 날은 무슨 특별한 날인 듯 보였다. 가족 모두 기쁨에 가득한 표정으로 식탁에 둘러앉았고, 축하받을 주인공으로 보이는 브랜다는 예쁜 옷을 입고 있었다.

"오늘이 브랜다의 생일인가요?"

"하하, 아니에요."

"그래요? 그럼 무슨 특별한 날이로군요."

"네. 오늘은 브랜다를 축하하려고 모였어요. 게다가 축하해 줄 손님까지 계시니 브랜다가 더 기쁘겠군요."

브랜다의 부모는 이미 케이크까지 구워 촛불을 켜고 있었다.

"자, 오늘은 브랜다가 피아노 연주 레벨 2로 올라간 날입니다. 그동안 두 번이나 실패했지만 끝까지 도전해서 결국 성공한 브랜다가 자랑스러워요. 브랜다, 정말 축하한다. 넌 훌륭한 피아노 연주가가 될 수 있을 거야. 우리 모두 브랜다를 축하해 주자."

순간 어깨에 힘이 쭉 빠지는 것을 느낄 수 있었다. 다른 친구들에 비해 초고속으로 레벨이 올라간 것도 아닌데다 오히려 두 번이나 미끄러졌다가 올라간 것을 축하하다니 다소 실망스러워 웃음만 나왔다. 하지만 그 가족들은 사뭇 진지했다. 언니는 브랜다를 꼭 안아주고, 동생은 언니에게 피아노를 가르쳐 달라며 조르기도 했다. 누구보다 주인공인 브랜다는 자신감이 넘쳤다. 어쨌든 그날 저녁 브랜다의 가족은 딸의 작은 성공을 축하해 주며 모두들 즐겁고 행복한 하루를 보냈다.

우리나라에 비해 외국의 가정에서는 축하하는 일이 많다. 생일은 물론이고 학급평가에서 좋은 점수를 얻은 날, 남자친구가 생긴 날 등 우리가 보기에는 아무것도 아닌 일에도 요란스럽게 축하를 하는 것을 흔히 본다.

이러한 축하가 당사자도 즐겁고 힘이 나게 하지만 함께 축하해 주는 모든 사람들의 에너지를 올려주는 어마어마한 효과가 있다. 만약 여러분이 뒤늦게 수영을 시작했다고 할 때, 가족 모두 운동을 시작한 사실을 축하해 주고 칭찬을 해 준다면 아무리 초보라도 마음은 이미 태평양을 건너고 있을지도 모른다. 배우러 가는 길이 즐겁고 누구보다 잘 배워서 최고의 수영 솜씨를 보여주고 싶을 것이다.

우리의 가정은 너무도 칭찬에 인색하다. 특히 누구보다 월등히 뛰어났을 때만 칭찬하는 문화에 익숙하기 때문에 아주 어릴 때부터 자녀들은 친구를 경쟁상대로만 바라보게 되고 여간해서 성공의 뿌듯한 감정을 경험해 보지 못한다.

아이가 막 기저귀를 떼었을 때 부모들은 말 못할 감격과 기쁨을 느꼈을 것이다. 아마 자녀의 볼을 부비면서 이제 다 컸다며 자랑스럽게 엉덩이를 두드려 주었을 것이다. 그러나 점점 자라면서 어려운 말을 하기 시작하고 새롭게 무언가를 시도해도 부모들은 기뻐하지 않고 오히려 느리게 깨닫는 것에 대해 우려하고 불안해

한다.

자녀 역시 성장하면서 부모님의 칭찬이 점점 인색해지는 것을 깨닫는다. 게다가 성적이 올랐거나 상을 탔을 때만 칭찬을 받을 수 있기 때문에 늘 스트레스에 눌려야 하고 자신감도 잃어간다.

부모코치는 자녀를 행복한 천재로 만들기 위해 시와 때를 가리지 않고 무차별적으로 칭찬하고 조그마한 칭찬거리라도 생기면 무조건 축하해 준다. "와, 우리 혜영이는 오늘도 동생하고 사이좋게 잘 놀아주었네. 엄마가 축하하는 뜻에서 시원한 주스 한 잔씩 줄게!"

존 트렌트와 게리 스몰리가 지은 『축복의 언어』라는 책에 나온 마르시아 가족 이야기는 축하하는 것이 얼마나 중요한지 알게 해 준다.

마르시아는 소위 말하는 학습 부진아였다. 다른 친구들이 30분 만에 뚝딱 해치우는 학교 과제물을 2시간을 넘겨도 제대로 해내지 못했다. 당연히 그녀의 담임선생님은 부모에게 아이를 학습 부진아 그룹에 넣겠다고 통보했지만, 부모는 낙담하지 않았다. 오히려 마르시아에게 특별한 미래에 대해 이야기해 주었다.

"마르시아, 너에겐 특별한 미래가 기다리고 있어. 분명히 하나님이 너에게 주신 달란트가 있단다. 게다가 너는 얼마나 성격이 좋니."

학습 부진아였던 마르시아에게 학교생활은 무척 어려운 일이었다. 도중에 포기하고 싶은 마음도 들었지만 그때마다 부모는 어김없이 축하해 줄 준비를 했다.

"우와, 얘들아. 우리 마르시아가 해 놓은 숙제를 보렴. 정말 잘 했구나. 네가 정말 자랑스러워. 우리 모두 마르시아를 축하해 주자."

부모의 칭찬과 격려로 인해 마르시아는 학급과정을 겨우 마치곤 했다. 그러던 중 부모는 그녀가 동생들을 말로 격려하고 그들만의 언어로 사물을 설명해 주는 구변이 있다는 사실을 알게 되었다.

"마르시아, 아빠가 보기에 넌 동생들에게 정말 좋은 언니인 것 같아. 게다가 네가 뭔가를 설명하면 동생들 눈빛이 달라진단다. 어떠니? 주일학교 유치부에서 보조교사를 해 보는 것이 좋을 것 같은데."

마르시아는 그때부터 유치부 보조교사가 되어 동생들과 즐거운 시간을 보냈다. 그리고 몇 주가 흐른 주일날 저녁, 그녀는 당당히 자신의 꿈을 선포했다.

"엄마 아빠, 전 이 다음에 커서 교사가 되겠어요."

"오, 축하한다. 마르시아, 네 꿈을 정했구나. 정말 축하한다. 우리 모두 마르시아를 축복해 주자."

꿈을 정한 뒤에도 마르시아는 학습 부진아의 오명을 벗지 못했다. 남들보다 두 배는 더 많은 시간이 걸려 과제물을 하고, 유급이 되어 한 학기를 더 다니기도 했다. 하지만 마르시아는 어려운 과정을 끝까지 잘 헤쳐 나갔다. 부모는 결코 포기하지 않고 그녀가 뭔가 작은 일에 성취할 때마다 축하해 주며 공부하는 과정을 지켜보며 격려해 주고 헌신했다.

마르시아는 결국 6년 6개월이나 걸려 초등학교 교사 자격증을 손에 넣었고, 많은 동급생들 중 가장 먼저 직장을 구했다. 명예의 졸업식에서 그녀는 자신의 부모와 나란히 졸업식 단상에 초청되어 연설을 하게 되었다.

훌륭한 코치는 절대로 선수에 대해 실망하지 않는다. 선수의 완벽한 모습을 그리며 뒤에서 격려해 주고 조그마한 성취에도 크게 기뻐해 준다. 여기서 말하는 성취는 객관적인 기준의 성취가 아닌, 주관적인 성취를 말한다. 전 과목을 백점 받았다고 축하하는 것이 아니라 지난번보다 더 잘한 것을 축하하고 다른 과목에 비해 실력이 우수한 과목에 대해 축하하는 등 1퍼센트라도 진전된 것을 축하하는 것이다. 항상 크고 기념할 만한 사건을 축하할 필요는 없다. 단지 매일 매일에서 일어나는 작은 성공이면 된다. 예를 들어 그림을 한 장 완성했다거나 뜀틀을 3단까지 뛰었다거나, 줄넘기를 10회 이상 뛰는 등 아주 사소하지만 매일 성공을 경험할 수 있는 일을 축하하라는 것이다.

작은 것에서부터 가족들의 칭찬을 받고 축하를 받고 자란 자녀들은 세상을 긍정적이고 발전적으로 바라보게 되며 사람을 소중히 여기고 모든 것에 건강한 열정을 나타낸다.

●○○
Step 6 코칭으로 훈육하라

중학교에 다니는 한 아이가 있었다. 지난번 중간고사 성적도 별로 좋지 않은데다 이번에 치른 기말고사 성적까지 형편없어서 우울했다. 이대로 성적표를 보여드렸다간 부모님의 실망이 이만저만 아닐 것 같아 아이는 중대한 결심을 한다.

정말 해서는 안 되는 걸 알면서도 성적표 공사를 시작한 것이다. 나름대로 친구들에게 조언을 구해 성적표를 교묘하게 고치는 방법을 전수받은 아이는 많은 시간을 공들인 결과 성적개조에 성공하는 듯 보였다. 성적표를 건네받은 부모 역시 내심 성적에 만족하시는 듯 보였고 도장을 찍어 주시는 모습이 경쾌하기까지 했다.

그런데 다음 날 아이의 속임수가 들통났다. 친구로부터 성공했냐는 문자가 온 것을 우연히 아버지가 발견한 것이다. 아버지 역시 아이의 성적에 의심이 가는 부분이 있던 터라 사건의 전말이 드러나자 흥분하며 분노하기 시작했다. 급기야 매를 들고 나와서 아이 앞에 섰다. 오히려 아이는 담담해 보였다. 아버지는 그런 아이의 모습에 더욱 화가 났고 들고 있던 매로 아이를 때렸다.

아마도 전형적인 한국의 부모라면 이 상황에서 주저 없이 체벌을 할 것이다. 물론 지금은 체벌에 대한 인식이 좋지 않고 교내에서도 체벌이 금지되기도 했지만 그래도 보수적인 한국 부모들은 체벌을 통한 훈육을 가장 효과적으로 생각하고 있는 게 사실이다.

"이 녀석, 어디서 그런 거짓말을 배웠어? 못된 짓만 골라 하다니…."

화를 내며 매를 내리치는 손에는 힘이 들어갈 것이다. 한 대 두 대 어쩌면 아이는 부모의 분이 가라앉을 때까지 고통을 감내해야 할지도 모른다. 물론 그러면서 자신의 잘못을 뉘우치기도 할 것이다. 그러나 부모로부터 가시 박힌 말을 들으며 매를 맞은 사실은 무척 수치스럽게 느껴질 수도 있다.

나 역시 아이를 체벌한 경험이 있다. 우리 부부는 여섯 살 난 아이에게 홈스쿨을 하고 있었다. 미국의 엄격한 홈스쿨 방법에 따라 우리 부부는 아이가 멋대로 하려고 할 때마다 강하게 체벌했다. 그러나 우리가 코칭을 배우고 삶에 적용하면서 아이를 강압적으로 체벌했던 것을 깊이 반성했고 아이에게도 사과를 했다. 하지만 네 살부터 받았던 체벌은 어린 가슴에 깊은 상처가 된 모양이다. 우리가 진심으로 사과를 하자 아이는 사과를 받아 들였지만, 가끔 그때가 떠오르면 슬프게 눈물을 흘리며 "그때는 너무 무서웠어." 하고 격앙되어 소리지르곤 한다.

훈육을 영어로 표현하면 'Diciplin'이다. 즉 의지나 감정을 통해 바람직한 인격을 형성하도록 하는 교육 작용이라고 해석하고 있다. 조금 쉽게 말하면 지식적인 것을 떠나 예의범절을 가르치는 것으로도 이해할 수 있을 것이다. 지금까지 훈육의 기본 골격은 상과 벌에 의한 것이다.

성적을 예로 들어보자. 시험을 봐서 성적이 잘 나오면 부모들은 한결같이 자녀들에게 상을 주곤 한다. 하지만 성적이 떨어졌거나 노력하지 않았을 때는 가차 없이 벌을 가함으로써 상과 벌의 상반된 모습을 잘 지켜왔다. 그러나 어찌된 일인지 부모의 눈에 자녀가 잘한 것보다 잘 못한 일이 더 잘 보인다. 따라서 상보다는 벌을 더 많이 줌으로써 훈육의 무게가 기울어져 온 것도 사실이다. 그래서 훈육은 곧 체벌이라는 의식이 깊이 박혀 있는 것이다.

그러나 부모코치가 되려면 훈육에 대한 올바른 이해가 반드시 필요하다. 코칭에서 훈육은 행동에 대한 훈육일 뿐 존재는 그대로 믿는 것이다.

만일 앞의 경우 아버지가 너무도 화가 난 나머지 이런 말을 했다고 가정해 보자.

"이런 못된 놈 같으니라고. 어디서 배울 게 없어서 거짓말 하는 거 배웠니? 벌써부터 이렇게 부모 눈을 속이는데 나중엔 더할 거 아니야? 싹수가 노랗다, 노래."

물론 성적을 속인 자녀의 잘못이 크지만, 부모를 통해 이런 말을 들었을 때 자녀는 어떤 생각이 들까?

'그래 난 못된 놈이야. 난 원래 그런 애야.'

자녀의 내면에는 이미 자신은 '거짓말하는 존재'라는 정체성이 자리 잡힌 셈이다. 이러한 부정적인 정체성이 자리 잡게 되면 단 한 번의 실수로 아이의 인생이 꼬일 수도 있다.

하지만 같은 훈육을 하더라도 이런 표현을 하면 조금 달라진다.

"넌 누구보다 정직한 아이인데, 어떻게 그런 거짓말을 했니?"

이 말은 아이의 존재는 그대로 믿되, 거짓말을 한 행동에 대해서만 질책하고 있다. 그러므로 자녀는 정직한 자신이 거짓말을 했다는 것을 깊이 반성할 수 있다. 그리고 누구보다 정직한 아이라는 부모의 믿음에 고마움과 미안함을 느끼게 될 것이다.

아이를 훈육할 때 행동과 존재를 하나로 섞어서 훈육하는 것과 존재는 믿어주고 행동만 훈육하는 것은 자녀의 입장에서는 큰 차이다. 앞의 훈육은 좌절감과 수치감을 느끼게 하는 것이고, 뒤의 훈육은 후회와 미안한 마음을 느끼게 하기 때문이다.

어떤 고등학교에서 학생들을 가르치던 교사 한 분이 이런 고백을 한 적이 있다.

"저는 학생들을 훈육한답시고 체벌을 참 많이 했습니다. 물론 체벌을 하면서 버릇을 고쳤다고 생각했지만 어느 순간 '이게 아니다' 라는 생각이 드는 거예요. 얼마 전 1교시에 수업을 하러 들어갔는데, 그날따라 학생들이 어수선하고 수업 분위기가 영 엉망이더라고요. 기분도 안 좋은 데다 분위기까지 좋지 않자 제가 큰 소리를 냈습니다. 그런데 어떤 학생이 옆 친구한테 하는 소리가 제 귀에 들렸어요. '오늘 아침에 안 좋은 일 있었나보다.' 순간 마음속에서 화가 솟구쳐 올랐고, 학생들을 단체로 체벌하기 시작했습니다.

그런데 체벌하면서 우연히 거울에 비친 제 모습을 보니 거기엔 성난 짐승 한 마리가 있더라고요. 분노에 부르르 떨고 있던 제 표정을 잊을 수가 없습니다. 그래서 그 시간 이후로는 절대 체벌을 하지 않게 되었어요. 더 이상 분노에 끌려다니며 훈육이라는 미명 아래 학생들을 희생시키고 싶지 않아서였어요. 이젠 오히려 더 마음이 편하고 좋습니다. 학생들과 더 많은 대화를 나눌 수 있게 되었으니까요."

어쩌면 체벌에 대한 부정적인 면만을 드러낸다고 할지도 모르겠다. 그러나 훈육은 분노와는 완전히 분리된 상태에서 진행되어야 한다. 분노를 안고 시작되는 체벌은 결국 자신의 화에 못 이겨 화풀이 하는 것에 지나지 않기 때문이다. 그러므로 먼저 훈육을 하는 부모의 분노가 처리된 후에 훈육을 해야 한다.

자녀가 잘못했는데 어떻게 화를 내지 않을 수 있겠냐고 묻고 싶을 것이다. 그러나 생각해 보라. 자녀에게 왜 화가 나는 걸까? 자녀에게서 원하는 것을 얻지 못했기 때문이다. 그러나 원하는 것을 갖는 것이 부모의 권리는 아니다. 부모가 원하는 것을 하든지 하지 않든지 그 권리는 엄연히 자녀에게 있다. 모든 사람은 하지 않을 권리가 있다. 부모가 자녀에게 무언가를 원할 수는 있지만 하고 안 하고는 자녀가 선택할 사항이다. 자녀가 부모에게 'No' 했다는 것은, 자기 존재에게 'YES' 했다는 의미다. 그런데 부모는 자녀의 선택이 자신의 생각과 맞지 않을 때 화를 낸다. 그래서 화를 품고 훈육하는 실수를 범하게 되는 것이다.

그러므로 자녀에게도 하지 않을 권리가 있다는 것을 인정하면 훈육은 훨씬 부드럽고 쉬워진다. 앞서 말했듯 행동에 대해서만 훈육하고 존재 자체는 끝까지 믿어 준다면 훈육은 올바른 길을 가고 있다 할 수 있다.

그리고 자녀를 훈육하는 것보다 더 좋은 것은 훈육을 미리 방지하는 것이다. 혼내야 하는 일을 미연에 방지한다면 그것보다 더 좋은 일이 어디 있겠는가. 예방법은 하나의 약속과도 같다. 부드럽게 훈육할 수 있는 환경을 만드는 것으로, 융통성 있게 훈육의 전략과 규칙을 세워 자녀와 부모가 서로 합의를 하는 게 좋다.

이미 많은 가정에서 하고 있는 것처럼, 스티커로 점수를 주는 것과 같은 방식을 선택하는 것이다. 자녀가 좋은 일을 할 때마다 스티커를 붙여 점수가 나오면 상을 준다. 그렇게 되면 자녀 스스로 훈육 받을 일을 예방할 수 있을 것이다.

내 주위 가정의 훈육예방법을 하나 소개하겠다. 그 가정은 자녀가 거짓말을 하면 온 가족이 운동장을 여섯 바퀴씩 돈다는 규칙을 정했다. 이 방법은 모든 가족이 함께 모색한 방법 중 최상이었다고 한다. 이런 규칙이 세워지자 자녀 스스로 정직해지려고 노력했고 거짓말을 했을 때는 이의 없이 운동장 여섯 바퀴를 열심히 돌았다. 물론 그것 역시 체벌에 속하기 때문에 운동장을 돌 때는 반드시 부모가 곁에 있어 주었다. 그 결과 자녀는 스스로 정한 규칙에 스스로 참여하면서 스스로 잘못을 깨닫게 되었고 자발적이고 능동적인 아이로 자라고 있다.

누구나 실수는 할 수 있다. 실수는 자녀와 부모 모두에게 배울 수 있는 기회를 주기 때문에 이러한 실수를 통해 성장할 수 있는 환경을 만들 수 있어야 한다. 이런 환경을 만드는 데는 올바른 훈육이 좋은 요소가 될 수 있다.

물론 훈육은 민감한 부분이다. 자칫 잘못하면 감정을 처리하지 못한 채 서로에게 깊은 상처를 주게 되기 때문이다. 따라서 감정이 처리되지 않은 상태로 훈육해서는 안 된다. 감정이 격하다면 부모 스스로 자신의 감정을 들여다보고 경청하여 감정을 다스린 후에 훈육이 이루어져야 한다. 또한 반드시 잊지 말아야 할 것은 우리는 행동만을 훈육할 뿐, 자녀의 존재는 언제나 믿고 인정해 주어야 한다는 것이다.

●●○

Step ㄱ 내 가치에 정직하라

한번은 우연히 건물 로비에 앉아 있다가 옆에서 하는 대화를 듣게 되었다. 그 대화는 일곱 살쯤 되는 미나라는 딸과 엄마가 나누는 대화였다.

"미나야, 오늘 하루 동안 엄마가 말한 대로 했던 게 뭐가 있었을까?"

"나랑 약속했던 거?"

"그렇지. 엄마가 미나한테 약속한 것 중에 지킨 게 뭐가 있었는지 생각해 볼래?"

"음, 엄마가 아까 감자 샌드위치 만들어 준다고 약속했는데 만들어줬어. 그리고 저녁 먹고 자전거 타러 나가겠다고 했는데 진짜 타러 나갔잖아. 그리고 또 뭐가 있지? 블록 만들기는 오늘 하려다가 내일로 미뤘고, 할머니 집에 가는 건 일주일 뒤로 다시 약속했고."

"엄마가 그렇게 약속을 안 지켰어? 잘 생각해 봐."

"근데 엄마, 아침에는 점심 먹고 놀이터 가자고 해 놓고, 점심 먹은 다음엔 저녁 먹고 나가자고 했잖아. 놀이터에 가긴 갔지만 중간에 말을 바꾸는 건 약속을 지킨 거야, 안 지킨 거야?"

"그건 그래도 지켰다고 해주라. 응?"

이 이야기를 본의 아니게 엿듣게 된 나는 빙그레 웃을 수밖에 없었다. 똑똑한 딸에게 엄마가 당했다는 생각도 들고, 미나라는 아이가 엄마의 정직지수를 그리 후하게 주지 않았을 것 같은 생각도 들었다.

아이 나이가 일곱 살만 되어도 자녀는 부모의 정직함에 대해 정확히 평가한다. 또한 자녀는 부모를 모범으로 여기고 있기 때문에 누구보다 거울 역할을 잘 해내야 한다. 특히 자녀는 부모의 정직함에 대해 기대하는 바가 크다. 자녀는 부모를 나침반과도 같은 존재로 생각하기 때문에 부모가 정직하지 못할 때 방향을 잃고 당혹스러워한다. 그러므로 자녀에게는 부모에게 죽을 때까지 정직을 요구하고 기대한다.

그러나 부모의 현실은 그렇지 못하다. 에머슨도 정직에 관해 이런 말을 했다.

"사람은 혼자 있을 때 정직하다. 혼자 있을 때는 자기를 속이지 않는다. 그러나 남을 대할 때는 그를 속이려고 한다. 하지만 좀 더 깊이 생각하면 그것은 남을 속이는 것이 아니라 자기 자신을 속이는 것임을 알 수 있다."

이 말은 정직한 것이 얼마나 어려운 일인지 알려주고 있다. 정직하게 살아야 한다는 걸 알고 있으면서도 아는 척, 있는 척, 힘들지 않은 척, 바쁜 척할 때가 많다. 이렇게 척해야 자녀들이 기죽지 않는다거나 그래야 자녀들이 마음을 놓는다고 생각하기 때문이다.

코칭에서 정직은 단순히 거짓말을 하지 않는 것을 말하는 것이 아니다. 코칭에서의 정직이란 자기 존재대로 살아가는 것을 말한다. 존재가치대로 사는 것이 정직이요, 그 정직함을 365일 계속 지속할 때 성실하다고 말한다. 부모는 자신의 성품, 인생의 목적대로 정직하게 살고 있는지 돌아보아야 한다.

자녀교육에 있어 세계 최고를 달리는 유대인의 첫 번째 교육원칙은 구약성경 잠언에 나오는 '자녀는 부모의 화살이다.' 라는 성경구절이다. 자녀는 화살이고 부모는 그 화살을 쏘아 보낼 수 있는 활이라는 의미다. 즉 아이들은 부모가 쏘는 대로 나간다는 의미인데, 자녀가 화력이 있고 가고 싶은 곳도 있으나 부모가 그런 환경을 만들어 주지 못하면 날아갈 수가 없음을 의미한다.

만약 자녀에게 정직을 원한다면 부모 자신이 먼저 정직해져야 한다. 만일 어떤 아버지의 존재 가치가 '배려'하는 것이라면 그는 늘 가정에서나 밖에서 배려하는 마음과 자세로 사람을 대해야 정직하다고 말할 수 있다. 그가 자기 자녀를 우습게 보고 쉽게 화내고 강압적으로 대한다면 그는 자신과 자녀를 속이는 것이다. 무엇보다 그는 자신의 자녀에게 배려함으로써 정직함을 보여야 한다.

이런 질문을 던져 보자.

"나는 내 가치에 맞는 삶을 살고 있는가?"

이때 자기 자신이 충분히 가치를 느끼며 살고 있다면 그 부모는 정직하게 산다고 할 수 있다. 가치대로 살면 자녀들에게 하는 말 한 마디, 행동 하나에도 정직할 수 있다.

"이번 주말에 가족 여행을 가기로 약속했지? 그래, 나는 가족을 소중하게 생각하며 약속을 잘 지키는 사람이야. 그러니 내 존재가 가치 있다고 느끼는 일을 하자."

이런 마음이 행동으로 나타나는 것이다. 그리고 하루하루의 정직함이 365일 계속될 때 그 부모는 성실한 인생을 살아가는 것이다.

부모코칭을 받던 한 아버지에게 정직함에 대해 강의를 하던 중, 이런 제안을 했다. 눈을 감고 머리를 비운 채 직감적으로 자신이 어떤 존재라고 생각하는지 떠올려 보라고 했다. 자신을 무엇에 비유할 수 있겠냐는 질문에 그 아버지는 자신을 '이슬' 같은 존재라고 표현했다. 왜 그런 생각을 했는지 물어보니 이렇게 대답했다.

"이슬은 깨끗하고 순수하잖습니까. 저도 이슬처럼 깨끗하고 순수하게, 마음과 행동이 일치하는 모습으로 아이들을 대하고 싶습니다."

물론 현재 자신의 모습은 전혀 이슬 같지 않다는 말도 덧붙였다. 그래서 나는 그 정직함을 실천할 시간을 갖자고 제안한 뒤 한 달 동안 자녀들에게 이슬처럼 행동하기를 권했다. 자녀들과 조금 더 돈독한 관계를 갖길 절실히 원했던 그 분은 한 달 동안 마치 이슬이 된 듯 행동했다고 한다. 영롱한 새벽이슬처럼 맑고 깨끗하게 보이기 위해 책을 읽고 좋은 구절을 아이들에게 읽어 주었고, 자기중심적이고 이기적인 모습보다는 순수한 모습을 보여 주려고 애썼다. 그리고 저녁 시간이면 산책을 하며 자연의 아름다움을 음미하며 자연과 하나가 되어 보았다. 너무도 달라진 모습에 아내와 아이들은 의아해 했다. 한 달 뒤 드디어 아버지는 가슴 떨리는 평가 시간을 갖게 되었다.

"얘들아, 너희들 보기에 아빠가 어떻게 보이니?"

"음, 조금 달라진 것 같아요."

"그래? 어떻게 달라졌을까?"

"잘 모르겠지만, 아빠가 부드러워진 것 같고 우리에게 관심을 많이 가져주는 것 같아요. 예전 같으면 산에 갈 때도 그냥 앞만 보고 가셨는데, 요즘엔 저희보다 더 자연을 사랑하시는 것 같아요."

"그렇게 느꼈다니 정말 기분이 좋다. 아빠도 변하고 나니까 얼마나 기분이 좋은지 몰라. 내가 기분이 좋아지니까 너희들도 다르게 보이는 거 있지? 우리 딸은 꼭 산소 같아. 아주 청정해."

"아빠 그 산소를 먹고 피어나는 이슬? 맞아, 이슬 같아요."

그 아버지가 얼마나 감동을 받았는지는 상상이 되는가? 그분은 자신의 존재가 느끼는 대로 정직하게 생활한 결과, 누구보다 먼저 자녀가 그 정직함을 알아준다는 진리를 깨달았고 훌륭한 부모코치가 되어 세상에서 가장 행복한 이슬 아빠가 되었다.

정직하게 산다는 것을 어렵게 생각하는 이도 있을 것이다. 마치 융통성 없이 꽉 막힌 것처럼 생각할 수도 있다. 그러나 정직하게 사는 건 융통성 없음을 의미하는 것이 아니다. 시대나 환경이 바뀔수록 가치가 업그레이드되듯 정직은 융통성 있게 변한다.

가령, 어떤 사람에게 선물을 받을 때 한국 사람은 무조건 세 번은 거절해야 예의라고 생각한다. 그래서 눈앞에서 선물이 이쪽저쪽으로 왔다 갔다 한 뒤에야 받아들여지곤 한다. 이것이 존재에 정직한 것일까? 그렇지 않다. "뭘 이런 걸 다 가져왔어요?" 하고 마음에도 없는 말을 하는 것보다 "정말 감사해요. 소중하군요." 라고 마음을 표현하는 것이 더 정직하다. 오히려 기쁘게 받아주는 것이 상대방의 마음을 진심으로 받는 것이기 때문이다.

자녀에게 있어 부모의 정직은 그들을 갈팡질팡하게 만들지 않는 주춧돌이 된다.

"그때는 내가 잘 몰랐으니까 허락했던 거고, 지금은 그 일이 네게 도움이 안 된다고 생각하니까 반대하는 거야."

자녀는 상황에 따라 말이 바뀌고 약속을 지키지 않는 정직하지 못한 부모의 모습을 원하지 않는다.

"우리는 언제나 같은 생각을 가지고 있어. 너희가 행복해지길 바라는 일을 선택하는 거야. 예전이나 지금이나 이 일은 너희를 행복하게 만드는 일같아 보이지 않아. 네 생각은 어떠니?"

자녀의 행복을 원하는 부모의 정직함 앞에서 자녀는 다시 한 번 심사숙고할 수밖에 없을 것이다. 이렇듯 정직의 힘은 자녀의 고집스런 생각도 움직일 수 있다. 그동안 부모로서 정직했는가를 점검하기 위해 스스로에게 이런 질문을 던져 보라.

"내 인생의 가치는 무엇인가? 내가 내 가치에 정직하기 위해 새로 시작하거나 끊어야 할 것은 무엇인가?"

Step 8 아이의 리더십을 키워라

"우리 애는 왜 그렇게 덤벙대는지 모르겠어요. 아침에 등교할 때도 잊고 간 것 때문에 집으로 두세 번씩 오거든요."

"그래요? 우리 애는 너무 신중해서 탈이에요. 그림 한 장을 그리려고 해도 생각하는 데 1시간, 밑그림 그리는 데 1시간, 옆에서 보고 있으면 속 터져서 화병이 날 것 같다니까요."

"호호, 너무 신중한가 보죠. 그래도 우리 애보다는 낫네요. 우리 애는 뭐든지 앞장서려고 해서 제가 따라갈 수가 없어요. 자기가 주도권을 쥐고 있지 못하면 안절부절못한다니까요. 그렇게 나서다보니 친구들도 우리 애랑 잘 어울리려고 하지 않아요. 그래서 속상해요."

학부모 두셋만 모이면 아이들의 식성부터 시작해서 생활습관, 재능, 성향에 이르기까지 모든 정보가 공유되며 도마에 오른다. 앞의 대화처럼 자녀의 보완할 점에 대해 속내를 털어놓기도 하고, 또 어떤 경우는 별들의 화려한 잔치처럼 자랑의 향연이 되기도 한다.

어떤 경우가 되었든 신기한 사실은 모든 자녀들이 다르다는 것이다. 같은 또래에 환경도 비슷한데다 공통적인 조건임에도 아이들은 3인 3색, 10인 10색이다. 행동방식과 성격유형도 다르고 각각 독특한 장점과 약점을 가지고 있기 때문이다. 다시 말해 아이들은 각자 내부에 커다란 바다를 품고 있다. 그 바다 속에는 잠재력이란 잠수함이 잠겨 있는데, 이 잠수함이 수면 위로 떠오르면서 각각의 성향을 만들어 내는 것이다.

자녀교육에 대한 강의를 들으면서 잠재력을 발견하라는 말을 숱하게 들었을 것이다. 그리고 그 말을 듣는 순간만큼은 자녀를 다른 눈으로 바라보기도 한다. '그래, 아이의 바다 속에 무척 큰 잠재력이 잠겨 있는지도 몰라.' 하고 생각하면서 말이다. 그러나 이내 현실 속에서 자녀들과 만나면 잠재력을 보기보다는 어질러놓은 방과 흐트러진 책장을 먼저 보게 된다. 그러고는 잠재력에 관심을 기울이는 일은 뒤로 미룬다.

아동교육학 분야의 베스트셀러 『딥스』는 부모가 아이의 잠재력을 발견하는 데 얼마나 중요한 영향을 미치는지 보여 준다.

딥스는 다섯 살짜리 꼬마다. 그런데 아이는 나이에 맞지 않게 불행하다. 누구보다 유복한 집에서 과학자 아버지와 의사인 어머니 사이에서 살고 있지만 아이는 늘 어둠 속에서 지내며 세상과는 도통 소통하려 하지 않는다. 사실 딥스는 부모가 원하는 아이가 아니었기 때문이다. 원치 않는 임신으로 딥스가 태어났고 그로 인해 부부간의 관계는 나빠졌다. 늘 아이는 냉대와 무관심, 원망 속에서 지냈고 동생에 비해 학습능력이 좋지 못했던 딥스는 자폐아가 되어 갔다.

그의 부모는 딥스를 정신지체아로 여기기까지 했지만 오히려 유치원 교사들은 딥스의 잠재력이 뛰어다나는 것을 발견하고는 아동정신 상담자에게 놀이치료를 권한다. 친구들과 만나면 할퀴고 공격하려고만 하는 딥스는 선생님과 함께 놀이방에서 치료를 시작하게 된다. 아이는 혼자 모래놀이를 하면서 조금씩 말을 하기 시작했고 자신을 미워하던 아빠에 대한 마음을 쏟아 놓는다. 그렇지만 다섯 살 난 딥스는 아빠를 용서했고 놀라운 문장을 구사하는 등 잠재력을 발휘하게 된다.

자폐아였던 아이가 차츰 말을 하고 웃고 자신을 찾아가는 과정은 부모에게 커다란 선물이 되었다. 딥스의 엄마는 자신의 아들이 누구보다 뛰어난 잠재력을 가진 소년이라는 사실을 깨닫고 본인 스스로도 자신감을 되찾는다. 자기 존재를 완전히 찾은 딥스는 사회에 적응할 수 있었고 누구보다 건강한 소년이 되었다.

딥스의 부모는 표면적으로 드러난 모습만을 보며 아이를 판단했다. 부모의 폭력적인 언어는 다섯 살짜리 아이를 어둠 속으로 몰아넣었다. 그럼에도 불구하고 아이는 스스로 자신을 찾아가며 부모를 용서하고 방향을 잡았다.

딥스는 어린 나이에 자신답게 사는 법을 터득한 뒤 이렇게 감동적인 말을 했다.

"저는 모든 아이들이 자기만 오를 수 있는 동산을, 하늘 위에 별 하나를, 자기 나무 하나를 가지고 있어야 한다고 생각해요. 이 것이 내가 '그래야 한다'고 생각하는 거예요."

이 책을 읽으면서 참 많은 후회와 생각을 하고 미안함을 느꼈다. 5년 동안이나 자녀에게 숨어 있는 잠재력을 보지 못한 것이 안타까웠다. 분명 딥스의 부모는 누구보다 저명한 인사들이었지만 자녀에게는 무척 감정적인 존재였던 것 같다. 그러나 딥스의 부모뿐만 아니라 다른 많은 부모들이 자녀의 잠재력을 보는 과정에서 숱한 실수를 하곤 한다.

나 역시 뒤늦게 잠재력을 발견한 경우다. 한국에서 고등학교 시절까지 보냈던 나는 공부와는 전혀 담을 쌓고 사는 부모님의 골칫덩어리였다. 짜여진 틀 안에서 공부를 한다는 것은 자유분방했던 내 성격과 맞지 않았고, 자유를 추구하며 락 밴드에 심취했을 때는 부모님과 극심한 갈등을 일으키기도 했다. 그때까지만 해도 나는 부모님 눈에 실패한 아들로 보였을 것이다.

그런데 우연히 유학의 길이 열리게 되고 미국에서 공부를 하면서 차츰 흥미로운 분야를 찾을 수 있었다. 그것은 바로 코치가 되어 사람들의 삶과 가정, 인생을 돕는 것이었다. 그러나 나는 그때까지만 해도 다른 사람을 어떻게 도울 수 있는지 알지 못했다. 나는 코칭 공부를 하면서 깊이 하면서 나에게 사람들의 재능과 열정을 찾아주고 그들을 행복하게 해 주며 성공하도록 돕는 잠재력이 있다는 것을 알게 되었다.

자녀의 잠재력을 발견하는 일은 결코 어려운 과정이 아니다. 예를 들어 도구로 무언가를 만드는 걸 좋아하는 아이가 있다고 하자. 그러면 가족 소풍을 갈 때, 아이가 전혀 사용해 보지 않았던 다양한 공작 도구들을 가져가는 것이다. 소풍은 아이와 함께 공작 도구를 사용하고 연습해 보는 시간이 된다. 그 과정에서 아이는 조립하는 데 뛰어날 수도 있고, 작동하는 데 뛰어날 수도 있다. 그런 모습을 조용하고 세심한 관찰로 경청만 하는 것이다. 이렇게 사소한 것에서 아이의 잠재력은 발견된다.

이제는 내 아이가 가지고 있는 강점이 무엇인지 알아야 한다. 아이가 어디에 재능이 있는지 부모도 잘 모른다. 그래서 아이들의 강점을 발견하는 분야에 계속해서 기회를 주는 것이 중요하다.

예를 들어 내 자녀에게 신체가 불편한 사람을 보면 늘 먼저 다가가 도와주려고 하는 강점이 있다고 하자. 이럴 경우 아이가 가진 잠재력을 잘 알아보기 위해서 특수봉사단체에서 활동할 기회를 마련한다거나 특수학교에서 사회봉사활동 시간을 갖는 등 계속해서 기회를 주는 것이 중요하다. 아이는 이런 기회를 접하면서 자신의 장점을 재능으로 발전시킬 수 있는지 시험해 볼 수 있다.

또 하나, 아이가 다른 것을 자꾸 경험하게끔 하는 것도 좋다. 우리 아이 역시 늘 새로운 것을 시도하는 환경에 익숙하다. 그러다 보니 내가 억지로 시키지 않아도 스스로 새로운 걸 하려고 한다. 그렇게 아이들이 관심을 가지는 것에 계속해서 노출시키다 보면 아이의 잠재력을 발견할 수 있다.

과연 우리 아이가 시키지 않았는데도 스스로 하려고 했던 것은 무엇일까? 그것이 바로 자녀의 강점을 발견하는 열쇠가 된다.

아이들은 각자 잘하는 것이 있다. 누구나 강점이 있고, 강점을 표현할 기회를 가지다 보면 리더십이 계발된다. 지금 이 순간부터 우리 자녀가 시키지 않아도 스스로 하려고 하는 것이 무엇인지 열린 마음으로 관찰해 보자. 어떤 아이는 시키지 않아도 컴퓨터 게임을 몇 시간씩 하고, 어떤 아이는 혼자 축구장에 가서 2시간 넘게 공을 차기도 한다. 또 어떤 아이는 라면으로 멋진 요리를 만들어 부모님께 대접하기도 한다. 이 모든 일이 여러분의 자녀들의 숨겨진 잠재력일 수 있다.

우리 아이는 어떤 강점을 가지고 있는지 아는가? 우리 아이가 그 강점을 발휘할 때 세상에 영향력을 미치는 탁월한 리더가 될 것이다.

Step 9 세계적인 리더를 꿈꿔라

"너 자신이 누구에게도 뒤진다는 생각을 하지 말거라. 언제나 너는 특별한 사람이라는 걸 명심해야 한다."

집 밖을 나서는 아들을 향해 어머니는 매일 이렇게 말하곤 했다. 늘 되풀이되는 말이지만 아들은 그 말을 들으면서 자신이 특별한 사람임을 마음에 새기곤 했다. 그는 자신의 인생에서 자신이 주인공이며 리더라는 사실을 잊지 않았고 늘 그런 생각을 하며 사람들을 만났다. 그리고 흑인이라는 핸디캡도 얼마든지 뛰어넘을 수 있다고 생각했다.

누구보다 자심감이 충만하게 된 그는 흑인들의 인권운동의 지도자로 설 수 있게 되었으며 35세에 최연소 노벨 평화상을 수상했다.

그는 흑인 인권운동의 아버지로 알려진 마틴 루터 킹 목사다. '나에게는 꿈이 있습니다.' 라는 내용의 연설을 했고 모두가 평등한 세상을 꿈꾸며 어렵고 험난한 인권운동의 길을 걸어갔다. 마틴 루터 킹 목사는 훌륭한 리더로서 결국 세계 인권운동의 불을 지폈다.

킹 목사가 흑인인권 지도자의 꿈을 꾸고 세계적인 리더가 될 수 있었던 것은 다름 아닌 어머니 덕분이다.

"오늘날 제가 있는 건 어머니의 소신 있는 교육 덕분입니다. 제가 성장할 당시 미국의 인종차별은 무척 심했어요. 어머니는 제가 초등학교에 입학할 무렵부터 제게 인종차별의 문제를 끊임없이 주지시켰지요. 노예의 역사와 남북전쟁 그리고 링컨 대통령에 대해 설명하면서 흑인인권 문제는 반드시 해결되어야 할 숙제임을 알려 주었습니다. 그리고 날마다 제가 특별한 사람이라는 것을 믿도록 만들었어요. 저는 늘 리더로서 책임감을 느꼈고 훗날 인권운동을 펼치는 데 중요한 밑바탕이 되었습니다."

킹 목사의 어머니는 자녀 스스로 리더가 될 수 있도록 자신감을 불어넣어 주는 것을 교육의 원칙으로 삼았고, 그러한 어머니의 교육을 받은 킹 목사는 자신도 모르는 사이 리더로서의 사고방식을 터득했던 것이다.

모든 부모들의 바람은 어떤 분야에서든 자녀가 리더로서 활동하길 원하는 것이다. 여기서 리더라는 것은 학급에서의 임원을 의미하는 것이 아니다. 자신만의 탁월함으로 세상에 영향력을 미치는 것을 의미한다.

"에이, 우리 애는 리더감이 못 돼요. 남 앞에 서서 말 한마디도 못하는데요."

이런 말을 하는 사람이 있을지도 모르겠다. 그러나 그렇게 생각하는 이에게 '내 자녀를 알고 있는 사람이 몇 명이나 될까'를 점검해 보라고 권하고 싶다. 언뜻 생각하기에 한 스무 명? 오십 명? 아니면 백 명 정도로 생각할지도 모른다. 그런데 놀랍게도 생각보다 많은 사람들이 내 자녀를 알고 있음을 발견하게 될 것이다. 먼저 부모와 관계를 맺고 있는 친척과 친구는 당연히 내 자녀를 알고 있을 것이며, 그 친척이나 이웃의 주변인들이 그들을 통해 자녀를 알 수 있다. 그뿐인가? 자녀의 친한 친구와 학교에 다니는 친구들 또 그들의 주변 사람들이 자녀를 알고 있다. 이런 식으로 직·간접적으로 관계된 사람들이 가지에 가지를 쳐서 내 자녀의 이름을 알고 있다.

'아, 그 아이! 누구누구의 자식이잖아' '누구 친구라던데 수영을 잘 한다더라' 이런 식으로 자녀의 이름만으로도 많은 이들이 크고 작은 관계를 맺고 있다는 뜻이다. 적어도 수천 명 이상과 관계를 맺고 있다는 것은 그만큼 영향력 있는 아이라는 말도 된다. 이것은 캐빈 베이컨의 '여섯 단계의 법칙'에 해당하는 것으로, 지구상 어느 누구라도 여섯 명 이상의 친구들과만 연결하면 세계 모든 사람과 관계를 맺고 있다는 법칙이다. 킹 목사의 어머니가 리더가 되기 위해 교육적 환경을 만들었듯이 모든 가정에서는 리더 자녀를 위한 환경을 만들 수 있다.

대부분의 남성은 군에 입대하여 국방의 의무를 다한다. 그런데 대부분의 남성이라고 하지만 어떤 사람은 건장하고 튼튼한 체격을 갖춘 반면, 어떤 사람은 여성보다도 더 가녀리고 허약한 체질을 가지고 있다. 그러나 체력검사에서 통과한 이후부터 그들은 군인이라는 공통명칭을 통해 하나가 된다. 그런데도 신기한 것은 아무리 엉터리같은 남자라도 군대에 가고 나면 총을 쏘고 과격한 훈련도 훌륭하게 해낸다. 그것은 개인의 의지로 된 것이 아닌, 군대라는 시스템이 그렇게 만든 것이다.

"군대 다녀오더니 완전히 사람 됐네."라고 어른들이 감탄하는 소리를 종종 들었을 것이다. 군대라는 시스템에서 훈련을 받았기 때문에 그는 진정한 남성으로 변할 수 있었던 것이다.

자녀를 리더로 만들어 가는 것 역시 리더에게 어울리는 시스템을 가정에 적용시킴으로써 가능하다. 존재의 잠재력이 열매 맺을 수 있는 시스템만 경험하면 된다. 마치 나무가 스스로 자라 열매를 맺는 것처럼, 모든 생명은 환경이나 시스템이 맞으면 스스로 자라서 리더십의 열매를 맺게 된다.

상대성 이론을 발표해 세계를 깜짝 놀라게 만든 과학의 천재 아인슈타인이 과학계의 세계적 리더가 될 수 있었던 것 역시 그의 어머니의 코칭이 있었기에 가능했다. 아홉 살이 될 때까지 제대로 말 한마디 하지 못하는 아인슈타인을 두고 사람들은 그를 둔재라고 말했고 실패자로 여겼다. 하지만 그의 어머니는 그가 변할 수 있다고 믿었고, 아들의 숨어있는 천재성을 찾아 내기 위해 노력했다. 아인슈타인의 어머니는 아들에게 지속적으로 바이올린을 가르쳐서 집중력을 높였다. 7년 뒤 그는 바이올린을 배우면서 모차르트 작품의 수학적 구조를 밝혀냈다. 그 후 그의 천재성은 과학 분야에서 아낌없이 발휘되었다.

컴퓨터의 황제 빌 게이츠의 어머니는 또 어떤가. 그녀는 모든 일에 싫증을 잘 내고 인내력이 없는 아들을 억압하는 대신 스스로 생각하고 판단할 수 있는 환경을 만들었다. 어머니는 그의 생각과 의견을 인정하며 경청함으로써 세계적인 부의 리더로 우뚝 설 수 있게 했다.

맥도널드의 실제적인 창립자였던 레이 크락의 어머니는 조건부의 교육방식을 허락했다. 사소한 집안일을 돕도록 하고 아이가 원하는 교육을 시켜 준 것이 레이 크락에게는 성취감을 느낄 수 있는 기회였다. 그의 어머니는 아들의 잠재력을 일찍 발견하여 끊임없이 독려한 조언자였다. 언제나 멍하게 앉아 공상을 즐기는 아들의 모습에 오히려 격려를 해 주며 이렇게 말하곤 했다.

"우리 공상가가 또 공상에 빠졌구나. 하지만 공상도 실제로 실천할 수 있는 것이면 더 좋지 않겠니?"

경제를 주름잡는 기업계의 리더가 된 레이 크락은 이러한 어머니의 조언 덕분에 어려서부터 상상력을 사업으로 이루어내는 능력을 키울 수 있었고, 결국 세계적인 리더가 될 수 있었다.

이처럼 자녀를 세계적인 리더로 키워내는 데 부모는 결정적인 영향을 미친다. 중요한 건 자녀가 이미 리더로서 무한한 잠재력을 지니고 있다고 믿고 숨어있는 리더십 능력을 찾아주는 시스템을 가정에 적용하는 것이다.

매일매일 자녀가 어떤 가치를 지닌 사람인지 경험하게 해 주고, 매주 완전한 약속을 경험하게 하며 호기심과 도전을 통해 작은 성공을 만들어 내고, 커뮤니케이션 능력을 길러주며, 장점을 최대한 살려 감성지능을 올려주는 일 등이 자녀가 리더가 되도록 하는 기본적인 시스템이다.

우리 자녀가 글로벌 경쟁 사회에서 어떤 리더가 되길 희망하는가? 기존에 우리가 익숙하게 알고 있는 직업 중 앞으로 10년 후에도 남아 있을 직업은 어떤 것이 있을까? 우리 아이들이 사회에 나갈 때쯤이면 지금 우리가 좋은 직업이라 생각하는 수많은 직업들은 사라지고 들어본 적도 없는 새로운 직업들이 생겨날 것이다. 그리고 중국과 인도 등 거대 인재 집단이 수많은 수재들을 배출해 낼 것이다. 이러한 치열한 세계 환경 속에서 우리 아이는 어떻게 세계적인 리더로 영향력을 발휘하며 행복하게 살 수 있을까? 해

답은 바로 우리 아이의 강점에 있다. 우리 아이가 가지고 있는 강점에 에너지를 집중시켜 그 분야에서 세계 1인자가 되도록 돕는 것만이 유일한 길이다. 오늘부터 우리 아이가 세계 1인자가 될 수 있는 강점이 무엇인지 살펴보고 그것에 집중해 보자. 부모가 전적으로 믿어주고 지지해 준다면 우리 아이는 세계에서 가장 행복한 천재 리더가 될 것이다.

2부

가장 멋진 코치

누구와 만날 것인가

부모코칭의 대상은 전적으로 자녀다. 자녀를 올바르게 코칭하기 위해 먼저 부모 자신의 존재를 알고 자신을 관찰할 수 있어야 한다. 그러한 준비가 되었을 때 비로소 자녀를 제대로 관찰할 수 있다.

나의 의식과 만나기

물이 담긴 비커에 개구리 한 마리를 집어넣는다. 비록 좁긴 해도 개구리는 물속에서 헤엄을 치고 곧잘 활동한다. 이제 알코올 램프에 불을 붙여 비커 밑에 놓는다. 비커가 조금씩 데워지고 물의 온도도 올라가기 시작한다. 차가운 물에 서서히 기포가 생기기 시작하며 물이 데워지지만 이것이 서서히 진행되기 때문에 개구리는 눈치채지 못한다. 물이 천천히 데워지다가 뜨거워져서 끓을 때까지 개구리는 별다른 고통을 느끼지 않은 채 죽는다.

사람들은 때로 이 개구리와 같이, 자신을 죽이는 생각과 언행을 하면서도 그것을 의식하지 못한 채 서서히 죽어간다.

의식과 무의식은 어떤 차이가 있을까? 빅터 프랭클이란 정신과 의사가 죽음의 수용소에서 겪은 일들에 대해 쓴 『죽음의 수용소에서』라는 책을 읽어 보면 의식하고 있다는 것이 얼마나 중요한 일인지 알 수 있다.

유태인이며 정신과 의사였던 프랭클은 2차 세계대전 당시 수용소에 갇히게 된다. 돼지와 같은 취급을 받으며 기계처럼 죽음을 기다리던 많은 유태인들과는 달리 프랭클은 수용소에서 풀려나 대학 강단에서 학생들을 가르칠 자신의 모습을 항상 의식하며 살았다. 결국 차례로 죽어가던 동료들과는 달리 프랭클은 살아남아 자신이 의식했던 대로 살아가게 된다.

언제나 자신의 미래를 의식하며 희망을 잃지 않고 살았기 때문에 프랭클은 생존할 수 있었다. 반면 같은 환경에서 있었던 다른 유태인들은 그저 무의식중에 '난 죽을 거야, 난 결국 여기서 비참하게 죽어갈 거야.' 라고 생각하며 희망을 잃어버렸다.

코칭에 있어서 의식을 끄집어내는 일은 중요한 과정이다. 그래서 코칭에서는 의식을 중요하게 다룬다. '의식이 도대체 뭐야?' 하는 의문을 갖는 건 당연한 일인지도 모른다. 그러나 학습을 통해 교육이 완성되듯 의식하는 일 역시 반복과 연습을 통해 가능해진다.

60 의식일기 쓰기

일기를 쓴다는 건 누구에게 보이려고 하는 것이 아니다. 일기를 쓰는 동안 자기 자신과 솔직하게 만날 수 있다.

코치부모의 대상은 물론 자녀이지만, 자녀를 코칭하기 전에 먼저 부모는 순수한 자기 존재와 만날 필요가 있다. 부모가 어떤 의식을 가지고 있는지 충분히 알아야 자녀의 존재를 올바로 바라볼 수 있기 때문이다. 의식일기를 쓰면 자기 자신을 돌아보며 관찰하게 되고 생각을 적어 내려가다 보면 자신이 어떤 생각을 하면서 살고 있는지, 어떤 것을 의식하며 살고 있는지 알 수 있다.

의식일기를 쓰는 것에는 정해진 형식이 없어서 어떤 것을 써야 할지 막막할 수 있다. 처음 의식일기를 쓰는 사람은 하고 싶은 말을 형식에 구애받지 않고 쓰고 싶은 대로 쓰되, 자신이 감사할 것이 어떤 것이 있는지 리스트를 만들어 보자. 없는 걸 생각하기보다는 가지고 있는 것 중에서 감사할 것을 최소한 3가지 이상을 적어 내려가면서 왜 감사한지, 감사를 느낄 때 느낌이 어떤지 생생하게 표현해 본다.

감사한 일에 대한 리스트를 만들고 더 나아가 자신의 생활과 경험, 코칭을 통해 느낀 바를 쓰다 보면 의식의 변화가 일어나고 놀라운 행동의 변화를 경험하게 될 것이다. 다음 2가지 예문은 처음 쓰는 의식일기와 오랜 기간 의식일기를 쓴 사람의 의식일기다. 2가지 모두 의식일기이며 형식은 스스로 자유롭게 정하면 된다.

의식일기 I (처음 쓰는 의식일기)

날씨가 맑다. 일기예보에는 비가 온다고 했는데 의외로 날씨가 맑아 기분이 참 좋다.

오늘 아침, 구름 한 점 없이 맑게 갠 하늘을 바라보며 이 맑은 하늘 아래에 살고 있다는 사실에 감사했다. 이 맑은 하늘이 내게 주는 혜택은 참으로 크다. 맑은 공기, 시원한 바람, 철따라 아름답게 피어나는 꽃들. 자연은 내게 값없이 이 모든 혜택을 베풀고 있다.

맑은 하늘을 바라보며 감사하다보니 아침부터 모든 것이 감사하다. 눈곱을 붙인 채 잠자리에서 일어난 아들의 모습도 감사하다. 이렇게 건강하고 든든한 아들을 주신 것이 감사하다. 이제 제법 힘을 쓸 줄 알아 무거운 짐도 들어두고 소파에서 깜빡 잠이 든 엄마를 위해 이불을 덮어줄 줄도 아는 고마운 아들, 이 아이가 우리의 아들인 것이 감사하다. 아들뿐 아니다. 피곤한 몸을 이끌고 늦게 들어와 아침 일찍 출근하는 남편에게도 감사하다. 말수는 없어도 늘 아내가 힘든 것을 이해하고 주말이면 설거지를 마다하지 않은 내 남편, 불룩하게 나온 똥배마저도 예뻐 보인다.

나는 내게 주어진 모든 것이 감사하다. 이 감사한 마음을 가지고 오늘 하루를 살아야 겠다.

• • •

의식일기 II (오랜 기간 쓴 의식일기)

부모코칭 수업에서 의식과 관련하여 '끌림의 법칙'에 대해 배웠다. 중력의 법칙보다 더 중요한 끌림의 법칙은 훨씬 더 우주적이었다. 자신과 닮은 생명체에게 끌린다고 말하는 끌림의 법칙은 한마디로 같은 전파를 가진 존재들은 서로 자석처럼 끌려서 영향을 끼친다는 것이다. 부모와 자녀, 사람과 사람, 모든 관계가 끌림이란 과학적 법칙으로 연결되어 있다니 놀라울 따름이다. 얼마 전 오프라 윈프리가 다른 사람의 성공의 순간에 기쁨을 함께 느끼는 것도 끌림의 법칙에 해당된다는 말이 생각난다.

오늘 나는 다른 사람의 성공의 순간을 함께 해 보았다. 때마침 박세리 선수가 다시 한 번 우승했다는 소식을 접하자 나는 박세리 선수의 기쁨에 동참해 보았다. 센터링을 통해 행복으로 집중한 뒤, 박 선수가 되었다.

필드에 서 있는 박세리 선수, 3라운드까지 선두를 달리고 있었지만 경쟁 선수의 홀인원으로 좌절감을 맛보기도 한다. 하지만 그 일로 오히려 더 집중하고 골프채에 힘을 준다. 몸에 힘을 빼고 그라운드를 향해 멋진 샷을 날리자, LPGA를 관람하고 있는 관중들 모두 그녀를 향해 환호한다. 결국 우승이 확정되자 명예의 전당 입회 후 첫 번째 맞는 첫 승에 대한 감동이 물결친다. 환하게 웃음 짓는 박세리 선수의 가슴 설레는 순간부터 승리의 감정을 따라가 보니, 나 역시 필드에 서 있는 것처럼 긴장되었고 막판 승리를 결정지을 때의 그 환희는 말로 표현할 수 없이 기쁜 것이었다.

이 순간, 박세리 선수의 성취감과 행복을 함께 느끼면서 이처럼 훌륭한 선수와 같은 한국인이라는 사실에 감사하게 된다. 또한 끌림의 법칙을 통해 이 귀한 행복의 순간을 경험하게 된 것도 감사하다.

나도 내 행복과 다른 사람의 행복의 끌림이 되는 주인공이 되고 싶다. 그리고 이미 그렇게 되었음에 감사한다.

☺ 나의 의식일기

자, 이제 여러분의 의식일기를 써 보자. 먼저 지금 현재 자신이 처한 환경에서 어떤 것이 감사한지, 자신을 감사하게 만드는 것이 어떤 것인지 감사 리스트를 만들고 그것을 써 보자. 또한 무엇을 하면 더욱 즐겁고 행복해질 수 있는지 의식하며 의도와 결심을 써 보자.

Q 무엇이 나를 감사하게 만드는가? 3가지 이상의 감사한
일들을 적는다.

자신과 만나기

존재 찾아보기

부모 코칭을 하는 데 있어서 많은 분들이 어렵게 생각하는 단어가 바로 '존재'다. 소크라테스가 '네 자신을 알라'라는 명언을 남겨서일까? 존재라는 말을 들으면 보이는 내가 아닌 다른 나를 말하는 것 같아 부담감을 느끼기 쉽다. 그러나 보이는 나와 의식 속에 있는 나 모두 내 모습이다. 다만 일상생활에서 우리는 그저 행동에만 치중하기 때문에 그 행동을 하기까지 어떤 생각을 하고 어떻게 느끼는지 의식하지 못할 뿐이다.

존재는 어떻게 의식할 수 있을까? 먼저 눈에 보이는 행동에서 부터 거슬러 내려가다 보면 존재를 만날 수 있다. 지금 지하 4층부터 지상 1층까지의 건물이 있다고 하자. 그 건물 안에 내 자신에

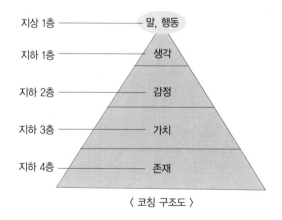

〈 코칭 구조도 〉

관한 모든 것이 들어 있다. 지상 1층에서는 '말이나 행동'이 관찰된다. 그리고 지하 1층으로 내려가게 되는데, 그곳엔 그 행동을 할때 가졌던 '생각'이 들어 있다. 지하 2층에는 그 생각을 하면서 느낀 '감정'의 방이 있다. 한 층 더 내려가면 그런 행동, 생각, 감정을 하면서 자신을 어떤 '가치'로 느꼈는지 알 수 있으며, 마지막 지하 4층으로 내려가면 비로소 순수한 내 '존재'를 발견할 수 있다.

예를 들어 지난번에 비해 성적이 많이 떨어진 아이의 성적표를 받아들고 체벌을 했다고 하자. 지상 1층에서는 '자녀를 때렸다'는 행동이 보인다. 그러면 그렇게 행동한 부모는 어떤 생각을 했을까? '왜 자꾸 성적이 떨어지는 거야' '우리 애는 왜 이렇게 공부를 못할까.' 하는 생각을 했을 것이다. 이제 때릴 때의 감정의 방으로 들어가 보면 화, 짜증, 우울 등의 감정이 있을 것이다. 그리고 지하 3층, 가치의 방으로 내려가면 '성적이 좋아야 성공한다'는 가치관이 있다. 그리고 마지막으로 지하 4층 존재의 방에는 '자녀를 사랑하고 사람들에게 기여하고 싶은' 진짜 내가 있다.

그러나 우리가 자신의 진짜 가치나 존재의 모습을 의식하지 않으면 자신의 언행을 기초로 '나는 아이를 함부로 때리는 엄마' '아이가 공부 못하면 불안해 하는 엄마' '아이도 컨트롤하지 못하는 무능한 엄마' 라고 자신을 단정지을 수 있다.

부모의 순수한 마음은 아이를 혼내거나 실망시키는 것이 아니라 아이가 탁월하고 행복해지기를 바라는 것임에 틀림없다. 이렇듯 내면 깊은 곳의 진짜 존재가 의도하는 것을 안다면 겉으로 드러나는 감정이나 언행만을 보고 판단하거나 결정을 내리는 것이 얼마나 위험한지 알 수 있다. 사람들은 흔히 자기의 언행이나 감정이 자기 자신이라고 착각한다. 그러나 자신의 순수한 존재의 모습과 순수한 의도를 명확히 의식하는 것이 중요한 것이다. 자신의 존재가치를 명확히 인식하고 존재가치대로 사는 사람은 일시적인 감정이나 판단에 의해 어떤 말이나 행동을 하지 않는다.

어떤 이들은 자기 자신에 대해 잘 알고 있다고 큰소리를 친다. 그러고는 나는 한 가지 신념으로 평생 일했고 감정에 흔들리지 않으며 굉장히 이성적인 사람이라고 자랑하기도 한다. 하지만 그것이 정말 그 사람의 모습이 맞을까? 아니다. 왜냐하면 그 사람은 100퍼센트 자기 방식으로 보고 있으며 보고 싶은 것만 보고 있기 때문이다.

그런데 재밌는 사실은, 모든 사람들은 똑같은 것을 봐도 모두 똑같이 느끼지 않는다는 것이다. 우리 머릿속에 1초 동안 몰려오는 정보가 4천억 비트나 되는데 대부분의 사람들은 그 중에서 2천 비트밖에 인식하지 못한다고 한다. 그렇기 때문에 사람들은 다른 사람을 정확히 파악할 수가 없다. 뿐만 아니라 우리는 우리 자신에 대해서도 정확하게 알지 못한다. 우리는 자신이 왜 갑자기 우울해지는지, 왜 화가 나는지, 왜 조바심을 내고 억지로 무언가를 하려고 하는지 그 근본적인 이유를 모를뿐만 아니라 자신의 순수한 존재의 모습도 의식하지 못한다.

자신을 아는 열쇠 - 주위 사람들에게 비친 내 모습

자신을 가장 잘 아는 사람이 자기 자신이기도 하지만 가장 잘 모르는 사람도 자기 자신이다. 이럴 때는 주위의 식견을 구하는 것도 좋은 방법이 될 수 있다.

부모들은 처음 만난 코치들과 대화를 나누면서 부모들의 모습을 직관적으로 이야기하면, 처음에는 다들 쑥스러워하지만 시간이 갈수록 조금씩 솔직하게 자신을 표현한다. 물론 짧은 시간 안에 느낀 인상에 대해 말하도록 하는 것이 핵심이기도 하다. 이렇게 몇 분이 지나 다른 사람이 보는 자신에 대한 평가를 종합해 보면, 재미있는 결과가 나온다.

대부분의 경우 다른 사람이 보는 자신의 이미지와 자신이 생각하는 것이 비슷하지만 그렇지 않은 경우도 있다. 자기 자신을 상당히 내성적이라 생각하고 있었는데, 많은 사람들이 자신을 외향적으로 생각하고 있을 경우 그 사람은 자신에 대해 무척 흥미로워한다. '내게 이런 면이 있었나?' 하고 자신의 다른 면에 대해 새롭게 의식하기 시작한다.

당신은 존경하는 사람이 있는가? 왜 그 사람을 존경하는가? 아마 그 사람을 존경하는 이유가 한두 가지 이상 있을 것이다. '성실'해서 또는 '사랑'이 많아서, 또는 그의 '용기'가 마음에 들어서 일지도 모르겠다. 이렇게 누군가의 언행을 보면서 감동이 되고 마음이 뜨거워지는 것은 바로 나에게도 그런 특징이 있기 때문이다. '끌림의 법칙'에 따라 다른 사람들이 나에게서 발견하는 장점이나 특징들, 또한 진짜 존재의 모습을 말해 준다.

또한 대부분의 사람들은 자신에게 있는 특징을 가진 사람에게 더 끌리고 공감한다. 내가 어떤 사람을 싫어하고 피하고 싶어하는지 또 어떤 사람에게 끌리는지를 살펴보자. 그리고 끌리는 사람에게 있는 특징(특히 장점)을 자신의 내부에서 찾아보자. 그 특징은 자신의 순수한 모습을 대변한다.

늘 완전한 '사랑'을 실현해 온 테레사 수녀에게 감동을 받고 존경한다면 당신의 진짜 존재는 그런 '사랑'을 실현하기 원하는 것이다. 그러면 나는 그것을 어떻게 나의 가정이나 이웃에게 실천할 수 있는지 생각해 보자. 자기 존재가 좋아하는 것을 의식하고 그것을 할 때에 당신은 빛이 나고 삶은 행복해질 것이다.

Q (다른 사람에게 물어보라) 제가 어떻게 보이세요?

ex 헌신, 섬김, 따뜻함, 자신감 ….

Q (가까운 사람에게 질문하라) 저를 보면 떠오르는 단어나 느낌을 말씀해 주시겠어요?

ex 마음이 따뜻하고 사랑이 많은 사람

이해심이 많고 정이 넘치는 사람

(다른 사람들이 말해주는 단어 중 자신의 마음에 감동을 주는 단어가 당신의 존재와 가깝다.)

내 자녀 들여다보기

관찰의 의미

코치부모의 대상은 전적으로 자녀다. 자녀를 올바르게 코칭하기 위해 먼저 부모 자신의 존재를 알고 자신을 관찰할 수 있어야 한다. 그러한 준비가 되었을 때 비로소 자녀를 제대로 관찰할 수 있다.

자녀를 관찰한다는 것은 일거수일투족을 감시하라는 말이 아니다. 행동을 바라보는 것이 아니라 행동 속에 잠자고 있는 존재의 소리를 경청하는 것이다. 그렇게 할 때 행동을 만들어 내는 내면의 존재를 볼 수 있다.

한 어머니가 있었다. 첫 아들이 걸음마를 시작할 즈음 식사용 의자에 서서 움직이려고 하자 어머니는 불안한 마음에 아이에게 "앉아"라고 말했다. 그러자 아이는 그 말을 알아들은 듯 의자에 앉았다.

'아이도 위험한 상황이란 걸 알려주면 본능적으로 반응을 하는구나.' 라고 어머니는 생각했다.

2년이 흘러 딸을 낳았고 첫 아이와 비슷한 상황이 되었다. 어머니는 이번에도 아이를 향해 "앉아"라고 말했지만, 웬일인지 아이는 울음을 터트릴 뿐 앉을 생각을 하지 않았다. 잠시 혼란스러웠던 어머니는 잠시 후에 또 다른 판단을 내렸다.

"아하, 남자 아이와 여자 아이는 상황에 대처하는 법이 다르구나."

또 다시 그 어머니는 세 번째 아이를 낳았다. 이번에도 비슷한 일이 생겼다. 아이가 식사용 의자에 서 있는 걸 본 어머니는 자신의 판단을 신뢰하고는 앉으라고 말하면 당연히 울 것이라고 예상했다.

"앉아."

그런데 세 번째 딸은 앉지도 울음을 터트리지도 않고 빙글빙글 웃으며 그냥 서 있었다. 그제야 어머니는 자신의 판단이 전혀 잘못되었다는 것을 알았다. 자녀마다 성격과 반응이 완전히 달랐던 것이다.

사람은 태어날 때 각각 다른 독특한 기질과 재능을 가지고 태어나는데 부모는 자라는 과정에서 신중하게 이것을 경청하고 관찰하여 아이의 존재를 알아야 한다.

언행 이면에 잠재되어 있는 능력과 의도를 경청하다보면 아이의 기질과 성향, 열정을 발견할 수 있게 된다.

자녀 관찰하기

하나의 예를 들어 보자. 우리 학교에는 에너지 넘치는 사내아이들이 자신의 에너지를 폭발시킬 충분한 공간이 없다. 사실 일곱 살 정도 된 남자 아이들은 대단히 에너지가 많아 휘젓고 다니며 뛰어 놀아야 직성이 풀린다. 그러나 그럴 수 있는 공간이 충분하지 않고 교육에 도움도 되지 않기에, 대부분 제지를 당한다.

"뛰지 마. 다른 사람에게 방해되잖니."

"네가 수퍼맨인 줄 알아? 여기가 집 앞마당인 줄 알고 날아다니는 거니?"

이런 제지를 당할 때마다 아이들은 어떤 행동을 할까? 어떤 아이는 제지를 당해도 곧 다시 날아다니고 또 어떤 아이는 제지를 당하면 바로 그 일을 그만둔다. 바로 이런 점을 관찰해 보는 것이다. 아이들의 행동이 제지당할 때와 격려를 받을 때를 눈여겨 본다. 그런 뒤 아이들이 어떤 행동을 취하는지 살펴보고, 학교에서 돌아왔을 때 기력이 많이 남았는지 등을 보면 아이가 부모와 함께 있을 때와 그렇지 않을 때의 행동의 차이를 알 수 있다.

이제 자녀에 대해 잘 알고 싶은 부모는 자녀의 의식일기를 써 보자. 그러면 마음에 들지 않았던 아이의 행동 이면에 있는 본래 모습을 볼 수 있게 될 것이다.

유치원에서 본 아이는 집에서와 비슷해 보인다. 선생님 말씀에 집중하는 것은 10분이 채 안 되고 옆 친구와 장난치는 걸 즐긴다. 쉬는 시간, 아이는 온 유치원을 뛰어 다니며 '해리포터와 마법사 놀이'에 빠진다. 교실 안에 있는 빗자루를 꺼내 하늘을 난다며 뛰어다니자 한 선생님이 제지한다. 그러자 아이는 "에이!" 라는 작은 소리와 함께 빗자루를 내던지더니 틱 장애를 보인다. 몇 달 전부터 시작된 눈 깜박거리기 틱 장애는 한참 계속되었다. 블록 쌓기시간, 평소 블록놀이를 좋아하던 아이는 블록 쌓기에 재능을 발휘하며 성을 만들었고 원장 선생님이 칭찬을 해 주자 어느새 눈 깜박거림이 멈췄다.

집에 돌아온 아이는 학습지를 풀라는 말을 듣지 않고 블록에만 열중해 있었다. 나는 세 번이나 학습지를 풀라고 지시했으나 아이는 그것을 묵살했고 나는 결국 매를 들었다. 그러자 아이는 블록을 치우면서 틱 장애를 보였다. 장난감 통에 블록을 던져 넣는 소리가 마치 블록이 깨질 듯 유난히 크다.

이것을 발견한 나는 걱정이 되어 아이를 안아주면서 물었다.

"어디 아프니?

"아니, 엄마… 나 아까 블록할 때 엄마가 하는 말을 못 들었어."

나는 아이가 무엇엔가 집중할 땐 아주 집중력이 높으며 야단

을 치면 움츠러들고 틱 장애를 보인다는 것을 발견했다.

자녀의 행동에서 감정, 가치, 존재 느끼기

아주 중요한 기말고사를 바로 코앞에 두고 있는 고등학생 아

들, 부모는 아들의 시험공부를 방해하지 않기 위해 발꿈치까지 들

고 다닐 정도로 세심한 배려를 했다. 독서실이나 자율학습보다 집

에서 공부하는 게 더 낫다는 아들 때문에 부모는 아이에게 최적의

환경을 만들어 주기 위해 애썼다.

그런데 이게 웬일인가? 중요한 시험이 바로 내일로 다가와 당

연히 열심히 공부하고 있을 거라 생각했는데 아들의 방문을 살짝

열어보니 컴퓨터 게임을 하고 있는 것이었다. 맛있는 거 먹일 생

각에 장충동까지 가서 왕족발을 사 가지고 온 아버지는 화가 벌컥

났다.

"너, 이 녀석! 이러라고 공부 시키는 줄 알아? 시험이 코앞인데

컴퓨터 게임이나 하고 있어? 이런 못난 놈."

왕족발 쟁반이 내동댕이쳐질 즈음 어머니의 등장으로 마무리

되기는 했지만, 아들은 억울했다. 계속 공부하던 중 잠깐 쉬는 틈

을 이용해 10분만 게임을 하려고 했는데, 하필이면 그때 아버지

가 보신 것이다. 그러나 이미 아버지는 자신을 못난 놈으로 생각

하고 있다고 생각하니 화가 나고 시험을 잘 보고 싶은 마음도 사라져 버렸다.

이런 이야기는 대한민국의 자녀와 부모라면 한번쯤 경험해 봤음직한 이야기다. 사실 실망한 부모의 마음도 이해가 되고 아들의 마음도 이해할 수 있다. 그러나 이 경우 아버지는 아들의 행동에 대해 깊게 생각하지 않았기 때문에 서로에게 상처를 입힌 격이 되었다.

앞서 지상 1층부터 지하 4층까지 존재 느끼기에 대한 이야기를 했다. 이젠 이것을 이 아들의 상황에 적용해 본다면 행동의 이면에 있는 순수한 존재를 느낄 수 있을 것이다.

시험을 앞둔 아들이 시험 전날 컴퓨터 게임을 하고 있다는 것은 자녀의 겉으로 보이는 행동이다.

다음 단계로 아들은 책상에 앉아 컴퓨터 게임을 하면서 '어떤 생각'을 하고 있었을까? 독서실이 아닌 집에서 공부하겠다고 당당히 의지를 밝힌 만큼 시험공부에 대해 계속 생각하고 있었을 것이다.

이제 자녀의 감정을 느껴보자. 그 생각을 하면서 게임을 할 때 자녀는 어떤 감정을 느끼고 있었을까? 아마도 죄책감 내지는 조급함이 있었을 것이다. 그리고 그때 자신의 가치는 공부도 중요하지만, 머리를 식히고 좋아하는 것을 하는 시간도 중요하다고 여겼을 것이다. 그리고 맨 아래 지하 4층의 존재의 방에는 역시 '공부도 잘하고 부모님께 인정도 받고 싶은' 존재가 있었을 것이다

만일 부모가 이러한 자녀의 존재를 경청했다면 과연 '이런 못난 놈'이란 말을 할 수 있었을까? 자녀의 행동만을 보는 것이 아니라 그 아이가 느낀 감정과 가치, 존재를 경청할 수 있다면 겉으로 드러나는 '못난 놈'이 아니라 순수한 '존재의 존귀함'을 발견할 수 있을 것이다.

부모가 이렇게 자녀의 순수한 가치나 존재를 의식한다면 자녀가 자신의 존재에 대해 비관적으로 생각하지 않도록 "그래, 지치기도 하겠지. 시험공부에는 지장 없겠니?" 라고 말을 건넬 수 있을 것이다. 그러면 자녀 스스로도 자신의 가치 있는 존재를 인식하며 다시 공부를 시작할 것이다.

그러므로 자녀의 행동을 바라볼 때는 잠시 지상 1층부터 지하 4층까지 내려가는 연습을 반복해 보면 좋다. 그것은 행동을 통해 분노로 이어지는 시간을 벌어줄 뿐만 아니라, 부모가 자녀의 순수한 존재를 순간순간 느낄 수 있게 해 준다. 자녀 역시 부모가 방문을 벌컥벌컥 열고 들어와 지시하고 비판하는 것이 아니라 차근차근 자신의 감정과 존재가 원하는 것을 들어준다면 분명히 자신이 약속하고 세운 목표를 스스로 이루어 낼 것이다.

Q 내 자녀가 동생과 놀고 있던 중 장난감으로 동생을 때렸
다. 이러한 행동을 보았을 때, 아이의 생각과 감정, 가치
와 존재는 무엇일지 생각해 보자.

ex 행동 : 아이가 장난감으로 동생을 때렸다.

생각 : 형의 것을 뺏으려고 하는 동생이 얄밉다.

감정 : 화가 남, 미움, 질투

가치 : 내것은 내가 가져야 돼.

존재 : 나는 내 장난감의 소유자야.

매일 자녀와 만나기

하루는 부모코칭 교육을 받으시는 어머니 한 분이 아침 일찍 교육장 문을 벌컥 열고 들어오시며 들뜬 목소리로 말씀하셨다.

"제가 코치가 됐어요. 우리 아들이 저를 코치로 인정해 주겠대요."

함께 교육받는 코치들은 물론이고 나 역시 그 사실을 진심으로 축하해 주었다. 축하가 끝난 뒤 어떻게 인정을 받을 수 있었는지 물었다.

"아무것도 모르던 제게 부모코치가 된다는 건 어려운 일이었어요. 벌써 중학생 아들과 고등학생 딸이 있는데 그동안 평범한 부모로 살다가 갑자기 코치가 되겠다고 하니 저도 이상하고 받아들이는 아이들도 이상한 게 당연하죠. 그런데 언제부턴가 아이와 제가 서로 계속 겉돌고만 있다는 생각이 들자 코칭 교육을 받게 되었고, 교육을 받으면서 확신도 생겼어요. 처음에는 여기서 배운 대로 집에 가서 하려니 쑥스럽더라고요. 그래서 코칭 대상을 우리 자녀가 아닌 전혀 모르는 아이를 하나 선택했어요. 코치님도 다른 사람을 코칭한 후 숙달되면 자녀를 대상으로 코칭해야 실패할 확률이 적다고 하셨잖아요. 제가 코칭한 아이는 중학교 1학년짜리 남자아이였는데, 일주일에 한 번씩 만나 '성·의·도·주·의'에 맞는 코칭을 시작했습니다. 그 애도 난감해하더니 두 번째 만날 때부터는 자기의 이야기를 쏟아놓더라고요. 그리고 전 그 아이와 만나며 아이의 존재가 얼마나 사랑스럽고 존귀한지 깨달을 수 있었어요. 거기에 자신감을 얻어 저희 아이에게도 시도했어요. 처음에는 '엄마, 왜 그래? 무슨 일 있어? 왜 안 하던 말을 하고 그래?' 하며 의아해하더니 역시 코칭의 기술은 뭔가 끌어내는 게 있나 봐요. 어제는 아이가 스스로 다가오더니 '엄마, 이번 주에 성공한 게 있는데 한번 들어볼래요?' 하는 거 있죠? 저는 정말 오랜만에 아들과 마주 앉아 두 시간 동안 행복한 시간을 보냈어요."

10대 청소년 자녀와 눈을 마주하고 두 시간 이상 진지하게 대화를 나눌 수 있는 부모가 몇이나 될까? 아마 많지 않을 것이다. 코칭은 경청하고 대화하는 것부터 시작된다.

그런데 무엇에 대해 이야기를 할지 고민이 될 것이다. 부모는 아무래도 성적 이야기가 주를 이룰 것이고 자녀는 학교에서도 매일 듣는 성적 이야기를 집에서도 듣는 것에 스트레스 받을 것이다. 그렇다고 유명 연예인 이야기를 할 수도 없고 다른 사람 흉을 볼 수도 없다.

이럴 때는 코칭의 5가지 기본 질문을 따라 대화를 나누기를 권한다. 코칭 질문의 핵심은 상대방의 의견을 듣는 것이지 이유를 묻는 것이 아니다.

'성·의·도·주·의'에 맞춰 대화하기

기본적으로 코치와 코칭을 받는 사람이 만났을 때 나누는 대화는 5가지 기본 질문을 바탕으로 한다. '성·의·도·주·의'라고 앞글자만 따서 설명할 수 있는데 상대방이 일주일 또는 지난 며칠 동안 성공했던 일, 의도했지만 실패했던 일, 도전하고 싶은 일, 이야기하고 싶은 주제, 새롭게 얻게 된 의도에 대한 이야기를 나누는 것이다. 5가지 기본 질문의 앞글자만 따서 '성·의·도·주·의'는 다음과 같이 요약할 수 있다.

성– 지난 한 주간 동안 성공한 일은 무엇인가?

의– 의도했지만 의도대로 되지 않았던 일은 무엇인가?

도– 그래서 도전받은 것은 무엇인가?

주– 이번 코칭의 주제는 무엇으로 할 것인가?

의– 새롭게 생겨난 의도는 무엇인가?

이제 이 기본 5가지 기본 질문에 맞추어 자녀와의 코칭을 시작해 보자. 코칭의 기본은 축하하는 것이라고 했다. 대화는 상대방을 충분히 축하해 주는 것으로 시작해야 한다. 자녀라는 고객과 코칭을 시작할 때 가장 먼저 물어볼 것은 성공한 것에 관해서다.

"이번 한 주간 동안 자축하고 싶은 일이 있었니? 축하할 일은 뭘까?"

이런 질문을 받으면 자녀는 당황스러워할지도 모른다. "에이, 뭐 그런 걸 물어요?"하고 대답을 회피할 수도 있다. 그러나 코칭은 반복이다. 본인의 경험을 이야기해 주는 것도 좋지만 가능하면 자녀가 먼저 말을 꺼낼 수 있도록 유도하는 것이 좋다. 사소한 것에서부터 성공을 끌어낼 수 있는 것이 코칭하는 사람이 관찰해야 하는 것이다. 그러다보면 자녀는 자연스럽게 자신이 성공한 일이 있는지 곰곰이 생각하게 되고 결국 찾아낸다.

"생각해 보니 이번 주에는 제가 TV 보는 시간을 줄였어요. 하루에 1시간 이상 보지 않기로 했는데 그게 잘 안 됐거든요. 그런데 이번 주에는 TV를 아예 보지 않은 날도 있었어요."

"오, 정말 축하해. 네 의지가 대단해."

자녀는 무언가를 성취했다는 기쁨과 더불어 호들갑스럽게 축하해 주는 부모를 통해 더욱 자신감을 얻으며 코칭을 받을 수 있다. 한번 이야기의 물꼬가 터지면 부모가 물어보지 않아도 아이는 자신의 성공담을 늘어놓을 것이다.

이제 두 번째 질문으로 넘어간다. 성공과 더불어 의도한 대로 되지 않았던 것에 대해 물으면 더욱 쉽게 입을 열 수 있다.

"그런데 성공한 일도 있었지만 의도한 대로 되지 않았던 일도 있지 않았니?"

"뜻대로 되지 않았던 일이요? 그건 많죠. 자꾸 살이 쪄서 야참을 먹지 않기로 했는데 결국 매일 밤 먹었어요."

"그랬구나. 너는 먹지 않으려고 의도했는데, 그 의도대로 되지 않아 속상했구나?"

"맞아요. 전 의지가 약한가 봐요."

이즈음 자녀가 실패한 일 때문에 좌절에 빠지지 않도록 바로 세 번째 질문으로 넘어간다. 우리가 중요시하는 일은 실패담이 아닌, 그 실패를 통해 새롭게 얻은 교훈이다. 세 번째 질문은 실패를 통해 도전받은 것이 무엇인지 물어보는 것이다.

"그 일을 통해서 네가 도전받은 일도 있었을 텐데 그건 뭐였니?"

"앞으로 야참을 딱 끊고 살을 빼겠어요."

"날씬해진 우리 아들을 기대할게."

자녀는 입으로 자신이 도전할 일을 선포하게 된다. 혀의 권세가 크다는 성경말씀처럼, 마음으로 품고 있는 비전보다 입술로 시인하는 비전이 훨씬 파워풀하다. 입으로 말할 때 이미 반은 성공한 것이나 다름없기 때문이다.

이젠 분위기를 조금 바꿔 주제를 바꾸는 네 번째 질문으로 가는 것이다. 과거에 대한 이야기를 마치고 현재와 미래에 대한 이야기를 한다. 이번 코칭의 주제는 무엇으로 할 것인지 듣는 것이다. 그런데 이 주제를 정할 때는 네 가지를 생각해서 정하면 훨씬 명확해진다. 'GROW 질문'라고 하는 코칭질문은 G(Goal, 목표, 주제), R(Reality, 현실), O(Option, 선택, 대안), W(Will, 결심)의 앞 글자를 말한다.

- G(Goal, 목표, 주제): 지금 함께 코칭하고 싶은 주제는?
- R(Reality, 현실): 그것을 하고자 하는데 안되는 힘든 현실은?
- O(Option, 선택, 대안): 그럼에도 불구하고 이루기 위해서 시도할 수 있는 것은?
- W(Will, 결심): 위의 시도할 수 있는 것들 중에서 지금 당장 실행할 것을 결심한다면?

GROW 질문으로 대화하기

자녀들은 'GROW 질문'을 통해 자신의 목표를 구체화하고 실행을 위해 한 걸음 내딛는 진전을 보일 것이다. 코칭하는 부모 역시 자녀가 목표를 이루고자 할 때 어떤 힘든 점이 있고 어떤 의지를 가지고 있는지 알 수 있기 때문에 네 번째 질문을 통해 부모와 자녀는 같은 목표를 공유하는 놀라운 일을 경험할 수 있다.

"이번 코칭에서는 어떤 걸 주제로 이야기했으면 좋겠니?"

"제가 중학교를 좀 떨어진 곳으로 배정 받았잖아요. 그래서 그런지 친구 사귀는 게 쉽지 않아요. 이번에 친구를 많이 사귀는 것에 대해 이야기하고 싶어요."

"그래. 환경이 바뀌어서 친구를 사귀는 게 쉽지 않았구나. 그러면 네 목표는 친구를 많이 사귀는 것이 되겠다. 그런데 친구를 사귀는 데 어떤 점이 가장 힘드니?"

"쑥스러움을 많이 타는 제 성격이요."

"그리고 또?"

"대부분 저와 집 방향이 달라서 같이 다닐 수 없는 거요."

"그렇구나, 또?"

"음, 더 없는 것 같아요."

"그러면 힘든 상황이지만, 그럼에도 불구하고 네가 시도할 수 있는 일 3가지를 생각해 볼까? 어떤 일이 있을까?"

"친구들보다 먼저 가서 제가 친구들을 맞아주는 거예요. 그리고 엄마에게 좀 죄송한 일이지만 샌드위치를 싸달라고 해서 친구들과 나눠 먹으면 좋을 것 같아요. 그리고 세 번째로는 제가 미술을 좋아하니까 그림 솜씨가 부족한 친구들을 도와줄 수 있어요."

"아주 좋구나. 그 중에 하나만 선택한다면 어떤 걸 하겠니?"

"그림 그리는 것을 도와주는 거요."

"우와, 미술 도우미를 자청하겠다니 너희 반 친구들은 복 받았다. 그렇지?"

이쯤 되면 자녀는 자신이 정한 주제에 대해 스스로 결론을 내린다. 이젠 마지막 질문을 함으로써 코칭을 마무리 할 때다. 마지막 질문은 이번 코칭을 통해 새롭게 생겨난 의도가 있는지를 묻는 것이다.

"오늘 코칭을 받으면서 새롭게 의도하는 바가 생겼니?"

"네, 다음에 코칭을 받을 땐 좋은 친구를 사귄 일을 축하받도록 할 거예요. 찾아보면 친구를 사귈 수 있는 방법이 많았는데 제가 몰랐을 뿐이에요. 전 적극적으로 친구를 사귈 거예요."

"그래, 건투를 빈다."

이렇게 자녀와의 코칭을 통해 많은 것을 얻을 수 있다. 일단 부모와 자녀가 눈을 맞추며 진지하게 대화를 나누었다는 것과 아들의 고민을 부모가 공감하고 적극 후원해줄 수 있게 되었다는 것, 자녀를 더 많이 이해하고 사랑할 수 있게 되었다는 것, 자녀 역시 자신의 이야기를 경청해 주는 부모를 발견했다는 것, 이제부터는 부모님에게 고민을 털어놓을 수 있는 마음이 생겨났다는 것 등이다.

자 이번에는 다음의 '성·의·도·주·의' 질문에 맞춰 코칭하는 시간을 가져보자.

Q 이번 한 주(며칠) 동안 자신에게 있었던 일 중 축하할 일은 무엇인가요?

> *ex* 우리 아이와 30분 넘게 대화한 거요

🖉

_____

_____

_____

Q 그렇다면 의도했지만 의도대로 되지 않았던 일은 무엇인가요?

> *ex* 아이와 운동을 같이 하기로 했는데 하지 못했어요.

🖉

_____

_____

_____

Q 그래서 도전받은 일은 무엇인가요?

> *ex* 매주 토요일 오후에 뒷산을 등반하겠어요.

🖉

_____

Q 이번 주 코칭의 주제는 무엇으로 정할까요? 목표는? 힘든 현실은? 그럼에도 할 수 있는 옵션 3가지는? 어떤 의지가 생기나요?

 아이에게 칭찬을 많이 해 주는 거예요.

힘든 현실은? 자꾸 아이의 잘못한 점부터 지적해요.

그럼에도 할 수 있는 옵션 3가지는?

무조건 하루에 한번 칭찬하기, 체벌하지 않기, 아이가 좋아하는 활동 함께 하기

그 중 하나를 선택하라면? 무조건 하루에 한 번 칭찬하기를 선택하겠어요.

Q 이번 코칭을 통해 새롭게 생겨난 의도가 있다면 무엇인가요?

ex 아이의 장점을 먼저 보겠어요. 잘한 게 있으면 그 즉시 칭찬해주고 잘못한 점은 즉시 체벌하기보다 코칭하는 시간에 이야기 해보겠어요.

무엇을 코칭할 것인가

자녀를 코칭하는 부모 역시 자신의 자녀를 세계적인 리더그룹에 합류시키길 원할 것이다. 그러기 위해서 학원 몇 군데 더 보내는 것보다 모든 리더들의 기본적인 소양이 되었던 성품을 먼저 기르도록 하는 그것이 중요한다.

재능과 창조성을 깨워라

자녀의 장점 알기

겸손은 큰 미덕이다. 겸손은 자신을 낮추고 상대를 존중하는 것이기 때문이다. 하지만 자기 자녀에 대해 겸손해 하는 것은 좀 다르다. 특히 자녀에 대해 겸손한 부모는 간혹 지나치게 겸손한 나머지 자녀를 비하하기도 한다.

"우리 아이요? 에이, 잘하긴 뭘 잘해요."

한편 아이의 장점이나 잘하는 일에 대해서 있는 그대로 이야기하는 것은 아이를 존중해 주는 표현이다.

"우리 애는 뭔가 집중해서 만드는 걸 좋아해요. 블록이나 조립 장난감을 만드는 걸 보면 다른 아이들보다 집중력이 높고 빨리 만들어 내더라고요."

코칭에서는 '모든 사람은 본래 창조적이며 필요한 모든 자원을 가지고 있다. 코치의 역할은 사람들이 이미 가지고 있는 재능과 창조성이 더 잘 발휘될 수 있도록 돕는 것이다.'라는 것을 전제로 한다. 그렇다면 부모로서 우리는 우리 자녀의 재능과 창조성을 어떻게 찾아내 주고 그것을 더 잘 발휘하도록 도울 수 있는가? 어떤 부모는 "우리 애는 재능이 별로 없는 것 같아요."라고 말한다. 부모의 기대는 자녀가 따라가기에 언제나 버겁다. 그러나 분명한 사실은 어떤 아이든지 자신만의 독특한 재능을 가지고 태어난다는 것이다. 재능을 발견할 수 있는 유일한 길은 실패를 많이 해 봐야 한다는 것이다.

부모코칭을 받은 분들은 모두 자기와 자기 자녀의 재능을 아주 잘 찾아낸다.

"사실 저는 우리 애를 보면서 늘 걱정했어요. 애가 어찌나 산만한지, 뭘 하라고 하면 그 말은 귓등으로도 안 듣고 여기에 기웃,

저기에 기웃하며 산만하게 돌아다녔거든요. 단 30분이라도 가만히 있질 못했어요. 숙제도 30분이면 끝날 걸 2시간도 넘게 하는 애였으니까요. 애를 볼 때마다 복장이 터지곤 했어요. 그런데 자녀의 무한한 잠재력과 장점을 바라보라는 교육을 받으면서 인내를 가지고 지켜봤어요. 그랬더니 단점으로 보이던 아이의 모습이 장점으로 보이더라고요. 우리 아이는 창의력과 지각능력이 뛰어나요. 돌아다니며 주위의 모든 자극들을 경험해 보고 분석하는 재능이 있는 거예요. 우리가 보지 못하는 것을 보고 듣지 못하는 것까지 듣더라고요. 언젠가 지각능력은 아주 뛰어난 능력이라는 기사를 보았는데 어깨가 더 으쓱하던데요. 아, 우리 애도 재능이 있었구나. 그래서 지금은 자기가 좋아하는 방법대로 공부할 수 있도록 자주 점검만 해 주고 있어요."

• • •

"아휴, 말도 마세요. 우리 애는 어찌나 까다로운지 몰라요. 애가 애답지 않고 모든 일에 따지고 들어서 부모인 제가 봐도 밉상이었어요. 유순한 맛이 없으니 애가 좋게 보였을 리가 없죠. 그런데 아이를 자세히 관찰해 보니 부모인 제가 생각지도 못하는 부분까지 분석하는 능력이 있더라고요. 특히 제가 우유부단한 성격이라 뭔가 사러 가면 결정을 잘 내리지 못하거든요. 그런데 한번은 딸아이와 남대문에 그릇을 사러 갔어요. 이것저것 제품을 보며 뭘 살까 갈등하고 있는데 아이가 '이것은 모양은 예쁘지만 잘 깨진다고 하니까 그릇으로 적당하지 못해요. 저것은 모양도 예쁘고 튼튼하지만 가격이 너무 비싸고요. 엄마가 모양으로 결정할 건지 가격으로 결정할 건지를 먼저 생각한 다음에 사세요.' 그 얘기를 듣고 바로 생각을 정리해서 그릇을 샀답니다. 그때 저는 아이의 새로운 모습을 발견했고 지금까지 까다롭다고 느껴졌던 것이 장점으로 보이기 시작했어요. 지금은 아이에게 넌 앞으로 대단한 분석가가 될 거라고 칭찬을 해 주고 있어요. 그랬더니 신경질적이던 아이가 부드러워지고 자신의 분석능력을 자랑스러워 해요."

이 두 가지 예를 봐도 알 수 있듯이 장점은 새롭게 만들어 내는 것이 아니다. 장점은 누구의 눈에나 보이는 것일 수도 있지만, 앞의 예처럼 단점으로 보였던 것이 장점으로 바뀔 수도 있다. 그러니 자녀의 장점을 발견하는 일은 부모의 과제다. 단순하게 '우리 애는 착해'와 같은 칭찬이 아닌, 사실을 중심으로 재능과 장점을 관찰하라는 것이다.

반에서 늘 꼴찌를 하며 둔재로 불렸던 에디슨의 경우를 보자. 그의 장점은 무엇이었을까? 아마 '놀라운 집중력과 관찰력'이었을 것이다. 달걀이 부화되는 모습을 관찰하기 위해 직접 '달걀'을 품었고 누구보다 어머니가 그 사실을 인정해 주었다. 이러한 집중력과 관찰력을 통해 발명품을 만들었고 여러 번의 실패를 거쳤지만 그는 자신의 장점을 이용해 결국 위대한 발명품을 만들어 내어 인류의 발전에 어마어마한 기여를 했다.

여러분의 자녀들에게도 분명히 재능이 있다. 자녀를 행복한 천재로 만들고 싶은 부모는 자녀의 타고난 재능을 관찰하고 발견해야 한다.

무엇이 자녀의 장점인가

한 부모에게 자녀의 장점 50개를 써 보라고 했다. 그러자 부모는 무척 난감한 표정으로 두어 가지 있을지 모르겠다며 펜을 들었다. 그런데 한참을 생각한 뒤 펜을 든 그분은 한 가지 장점을 적었고, 이내 또 하나를 적었다. 그리고는 점점 펜이 빨라지면서 50개를 적어냈다. 장점을 써 내려가는 그분의 표정은 누구보다 행복해 보였다. 쓰다 보니 자신이 모르고 있던 아이의 장점이 계속해서 떠올랐고 그것을 적어나가다 보니 저절로 행복해지더라는 것이다.

조금만 주의를 기울여보면 의외로 쉽게 아이의 재능을 발견할 수 있다. 앞서 말한 산만한 아이에게는 지각 능력이 뛰어나다는 장점이 있고, 부산스러운 아이에겐 넘치는 끼가 있어 운동선수로 성공할 가능성이 크다. 낯선 걸 싫어하는 신중한 아이는 조직적이고, 까다로운 아이에게는 남다른 분석력이 있다. 뿐만 아니라 고집이 센 아이는 주관이 뚜렷하다는 장점이 있으며 예민한 아이는 누구보다 예술 감각이 뛰어나다. 이제부터는 매일매일 마주치는 자녀를 관찰하며 어떤 장점이 있는지, 그 장점을 어떻게 계발해 줄 수 있을지 프로젝트를 마련해 주도록 하자.

Q 부모가 생각하는 자녀의 장점 5가지는 무엇인가요?

ex 인사성이 밝다 / 고운 말을 쓴다 / 표현력이 좋다 / 정직하다 / 예쁘다

Q 자녀 스스로 생각하는 장점 5가지는 무엇인가요?

ex 친구를 잘 도와준다 / 말을 잘 듣는다 / 그림을 잘 그린다 / 거짓말을 못한다 / 예쁘다

Q 주변 사람들이 말하는 우리 자녀의 장점 5가지는 무엇
인가요?

> ex 예쁘다 / 예의 바르다 / 친구를 잘 도와준다 / 착하다 /
> 의사표현이 분명하다.

🖊

***

Q 공통적으로 발견되는 자녀의 장점을 최대한 발휘하기
위해 할 수 있는 프로젝트는 무엇인가요?

> ex 정직, 말, 예쁜 외모
>
> 〈프로젝트〉 예쁜 외모로 정직하게 말할 수 있는 분야를 계
> 발해 준다. 앵커나 MC 등 연예분야 놀이(발표회)를 계획함
> 으로 아이의 성취감을 높여준다.

🖊

감성 일으키기

미국 스탠포드 대학의 미셸 박사는 네 살짜리 아이들을 대상으로 흥미로운 실험을 했다. 한 방에 한 명씩 데려다 놓고 배가 고플 즈음 과자를 하나씩 주면서 말했다.

"지금 당장 먹지 않고 아저씨가 돌아올 때까지 기다리면 과자를 하나 더 줄게. 그러면 과자 두 개를 먹을 수 있단다."

아이들의 반응은 어땠을까? 3가지 반응이 있었는데, 박사가 나가자마자 과자를 뚝딱 먹어 치우는 아이, 먹지 않으려고 애쓰다가 끝내 먹고 마는 아이, 끝까지 기다리는 아이였다.

이 연구팀은 그 아이들이 초 · 중 · 고등학교를 거치는 과정도 연구했다. 그런데 끝까지 먹고 싶은 걸 참고 인내했던 아이들은 이 과정에서 공통적인 특징을 보였다. 학교에서 좋은 인간관계를 맺고 지도력을 발휘하며 성적이 좋고 인간관계가 탁월하다는 것이다. 감성적인 기질이 미래의 모습에 영향력을 끼친 예라 하겠다.

감성지능인 EQ를 세상에 알린 다니엘 골먼은 "감성지능은 자신의 감정과 타인의 감정을 인식하고 그것을 식별해내며 자신의 사고와 행동을 관리하기 위해 그 정보를 사용하는 능력이다." 라고 말했다. 더불어 세상의 리더는 80퍼센트 이상 감성지능으로 만들어진다는 연구결과를 발표하기도 했다.

코칭을 할 때 자녀의 감성을 터치해 주는 작업이 필요하다. 감성이 잘 계발된 아이들은 보다 자유롭게 사고하고 다른 사람과의 관계도 원활하기 때문에 사회에서 성공할 가능성이 높다. 뿐만 아니라 그만큼 자신의 감정을 조절함으로써 스스로 존재가 원하는 삶을 살아갈 수 있기 때문에 행복 수치도 높아진다. 그러면 부모가 어떻게 자녀의 감성을 계발할 수 있는가?

감성지능을 높이는 데는 다섯 단계가 있다. 제일 먼저 자녀 스스로 자신의 감정이 어떻다는 것을 알도록 해야 한다. 뉴 햄프셔 대학의 심리학 교수인 마이어(Mayer)는 자신의 감정인식에 대해 '자기의 기분을 알고, 동시에 그 기분에 대한 자신의 생각을 아는 것'이라고 말했다. 즉 자녀 스스로 자신의 감정을 아는 것은 가치 판단 없이 감정자체에만 주의하고 있는 것을 의미한다. 예를 들어 미술 작품을 완성했으나 동생의 부주의로 작품이 망가졌을 경우 자녀는 대단히 화를 낼 것이다. 동생을 때릴지도 모르고 심지어 그러한 동생을 낳은 부모에 대한 원망을 쏟아놓을지도 모른다. 이때 어떤 기분이 들었는지, 그렇게 화를 낼 때 어떤 생각을 했는지 자녀와 이야기를 나누게 되면, 자녀 스스로 자신의 감정이 어땠는지 다시 한 번 정리할 수 있다.

두 번째 단계는 자녀가 자신의 감정을 조절할 줄 알고 통제하게끔 하는 것이다. 물론 분노할 수 있는 상황이라 할지라도 감정을 조절할 수 있다는 건 그만큼 감성지수가 높다는 것을 의미한다. 네 살짜리 꼬마가 고소한 과자를 먹지 않고 참았다는 것 역시 먹고 싶다는 감정을 참은 것이다. 이것은 아무리 어린 자녀라 할지라도 불안과 분노, 슬픔과 같은 감정을 교양 있게 다룰 수 있음을 의미한다.

이제 감정을 통해 자기동기화가 되도록 해야 한다. 세 번째 단계인 자기동기화는 자신의 목표를 위해 감정을 잘 정리해 나갈 수 있느냐 하는 것이다. 1퍼센트의 영감과 99퍼센트의 노력이란 말은 세 번째 단계와 관계가 깊다. 성공하려면 재능보다 목표를 향해 끈기와 자신감, 패배를 견뎌내는 힘 등이 더 필요하듯 감정의 자기동기화는 자녀의 감정이 자신의 목표달성을 위해 동기를 부여하는가를 알아보는 것이다. 예를 들어 화가 나는 것을 참고 인내했다면, 이러한 인내가 자신의 성공을 위해 꼭 필요한 것이라는 동기를 부여하라는 말이다.

네 번째 단계는 상대방의 감정으로 들어가 보는 것이다. 이러한 일은 감수성이 예민한 십대 소녀들에게 유리하다. 드라마 왕국에 살고 있는 자녀들은 TV속 드라마나 영화 등을 보면서 자신도 모르는 사이 여자 주인공이 되어 그들의 기분을 느끼곤 한다. 멋진 남자 주인공과 처음 만날 때의 설렘, 첫 키스를 나눌 때의 떨림, 헤어질 때의 슬픔 등 많은 감정들을 느껴봄으로써 여자 주인공의 감정에 이입되곤 한다.

이처럼 다른 사람의 감정을 경험한다는 것은 또 다른 의사소통을 의미한다. 어떤 연구결과를 보니 의사 소통의 90퍼센트 정도는 언어와는 거의 무관하게 이루어진다고 한다. 그만큼 상대방의 감정을 이해하기만 해도 의사소통이 가능하다는 말이다. 다른 사람에 대한 감정이입은 상대방에게 집중하여 경청하려는 마음, 말로 표현되지 않는 생각과 감정까지도 파악하려는 노력에서부터 시작된다. 이것이 인간관계 능력의 근본이 될 수 있기 때문이다. 부모와 자녀가 만났을 때 부모는 자녀에게 "내가 화난 것을 알아줄래?"라고 부탁하고, 자녀는 부모에게 "내 감정을 엄마가 좀 이해해 주실래요?"라고 부탁한다면 자연스럽게 감정이입이 될 것이다.

마지막 다섯 번째 단계는 타인의 감정을 느끼는 것을 뛰어 넘어 상대방의 감정을 다루는 것이다. 타인의 감정 다루기는 자녀가 소속된 공동체의 사람들과 얼마나 잘 지낼 수 있는가에 관한 문제다. 학교에서 친구들과 갈등 상황이 벌어졌을 때, 이것을 얼마나 잘 파악하고 해결할 수 있는가는 감성적인 능력과 관계된다. 타인의 감정을 느끼고 그것을 처리하는 능력이 갈등을 회복할 수 있는 핵심이 되기 때문이다.

사람은 감성이 풍부하다. 자녀는 부모보다 훨씬 감성이 풍부하며 감성지능은 얼마든지 높일 수 있다. 우선 자녀 스스로 자신의 기분을 알고 자신의 감정을 통제할 수 있으며, 감정이 자기 성취에 동기를 부여할 수 있는지 깨달은 후, 타인의 감정을 느끼고 다룰 줄 아는 단계에 이르면 감성지능은 높아질 수 있다.

감성지수를 높이는 질문

감성지수를 높이는 다섯 단계를 설명했다. 이제 자녀와 만나 실전 코칭으로 들어가 감성에 대한 이야기를 나눠 보자. 나이가 어릴수록 자신의 감정을 제대로 표현하기 어렵다. 하지만 눈에 보이는 것만이 아니라 마음속의 이야기를 터놓고 할 수 있는 기회를 마련해 보라. 다음은 단계별로 써 놓은 질문이다.

단계별 감성지능(EQ) 높이기	단계별 질문
① 감정인식: 내 감정을 안다.	⑩ 지금 네 감정이 어떤지 말해 줄래?
② 감정조절과 통제: 화를 참을 수 있다.	⑩ 화가 날 때 어떻게 참을 수 있니?
③ 자기동기화: 원하는 대로 감정을 바꿀 수 있니?	⑩ 어떻게 스스로 기분을 조절할 수 있니? 네가 원하는 기분으로 바꿀 수 있니?
④ 타인의 감정이입: 다른 사람의 감정을 느낀다.	⑩ 동화 속 주인공, 주변 사람의 감정을 관찰일기로 써 보자.
⑤ 타인의 감정 다루기: 타인과 나의 감정을 교환한다.	⑩ 드라마(또는 다양한 사람들) 주인공의 감정에 대해 서로 이야기 나눠보자.

Q (사건이나 행동) 동생이 네 물건을 부수었을 때 네 감정
을 말해 주겠니?

> *ex* 화가 났어요. 저도 동생 장난감을 부수고 싶었어요.

🖉
_____

_____

_____

_____

Q 화가 났을 때 참을 수 있니? 어떻게 참을 수 있니?

> *ex* 제 동생이잖아요. 동생은 제가 돌봐줘야 하니까 참을 수 있
> 었어요.

🖉
_____

_____

_____

_____

Q 네가 화를 참았던 것이 나중에 어떤 유익이 될까?

> *ex* 저는 관찰하고 실험하는 걸 좋아하는데 이 일은 많은 인내

가 필요해요. 화내는 것을 참다보면 인내심이 길러질 것 같아요.

🖉

Q 며칠 전에 할아버지가 돌아가셨잖아. 혼자 남으신 할머니 기분이 어떨까?

> *ex* 할아버지 할머니는 부부로 50년도 넘게 사셨는데, 할아버지가 돌아가셨으니 할머니는 무척 슬프실 거예요. 매일매일 할아버지 생각을 하실 것 같아요.

🖉

Q 신데렐라 이야기 잘 알지? 우리가 신데렐라가 되어 그

기분이 어떤지 얘기해 보자.

ex 자녀: 신데렐라는 아무 이유 없이 집안일만 하게 되어서 억울했을 것 같아요.

부모: 그래도 신데렐라는 새엄마와 언니가 없었다면 혼자였잖아. 외롭지 않았을까?

자녀: 저라면 억울해서라도 나중에 왕비가 되었을 때 혼을 내줬을 것 같아요.

부모: 신데렐라는 천성이 워낙 착했잖아. 그러니 네가 신데렐라였어도 세 사람을 용서하고 받아들였을 거야.

긍정적인 책임감 갖기

긍정적인 책임감이란

외국의 어느 가정의 이야기다. 그 집에는 다섯 살짜리 딸과 여덟 살짜리 아들, 아홉 살짜리 딸이 있다. 어머니와 아버지는 맞벌이를 하기 때문에 부모님이 일하러 가신 동안 아이들은 베이비시터와 함께 공부를 끝낸다. 그런데 직장에서 돌아온 어머니에게 못마땅한 부분이 보인다. 집이 지저분하고 아이들 방에는 장난감과 먹다 남은 시리얼 그릇 등이 흩어져 있다. 어머니는 아이들을 불러놓고 말한다.

"엄마도 직장에서 돌아오면 많이 피곤하단다. 너희들이 조금만 도와주면 집에 돌아왔을 때 엄마가 너희들과 좀 더 많을 시간을 함께 보낼 수 있어.이제부터 너희들 방은 각자 정리하는 거야. 장난감을 가지고 놀다가 저녁이 되면 정리를 하고 시리얼 먹은 그릇은 주방에 가져다 놓고, 거실 정리는 셋이 같이 하는 거야. 어때, 도와줄 수 있겠니?"

안 그래도 하루 종일 엄마가 그리웠던 아이들은 직장에서 돌아온 엄마가 집안일 때문에 자신과 놀아 줄 시간이 없는 것을 알고는 흔쾌히 좋다고 말했다.

다음 날 엄마가 집으로 돌아왔을 때, 집이 전날보다 훨씬 깨끗해져 있었다. 엄마는 그 순간 세 아이를 부둥켜안고 볼을 비벼대며 칭찬을 해댔다.

"오, 너무 대단하다. 각자 방 정리는 물론이고 거실 정리까지 잘 해놓아서 정말 기뻐. 자, 그럼 엄마가 할 일이 없어졌으니 모두 함께 이야기를 나누자. 오늘 하루 무슨 일이 있었는지 누가 먼저 얘기해 볼까?"

아이들은 누가 먼저랄 것도 없이 이런저런 얘기를 하기 시작했고 그들은 즐거운 저녁 시간을 보낼 수 있었다. 사실 첫날엔 여전히 엄마가 청소해야 할 곳이 있었지만 아이들 몰래 나머지 청소를 했다. 그런데 책임감을 느낀 아이들은 조금씩 변하기 시작했다. 장난감 정리를 하는 데에도 노하우가 생겨 단시간 내에 깨끗하게 정리했고, 공동으로 거실을 청소할 때는 일을 분담하는 등 형제간에 서로 의논하는 모습도 보였다.

"애들아, 엄마가 너희들에게 도와달라고 한 뒤 어떤 일이 생겼니?"

"제 자신이 무척 자랑스러워요. 제가 우리 집을 위해 뭔가를 할 수 있다는 게 너무 좋아요."

"저는 해야 할 일이 생기면서 책임감이 느껴져요. 동생들도 도와줘야 하고요. 그렇지만 이건 기분 좋은 책임감이에요. 엄마, 주말에는 제가 설거지도 도와드릴게요. 맡겨주세요."

이 가정은 자녀들에게 작은 책임을 심어 주어 많은 성과를 거두었다. 어머니는 가사 일에 대한 부담을 줄이는 동시에 아이들과 함께 할 시간을 벌었고, 아이들은 그동안 자신의 일이 아니라고 생각했던 가사 일에 적극 참여하고 작은 일에 책임감을 느끼게 됨으로써 책임지는 법을 배웠다. 이 책임감은 억지로 시켜서 하는 것이 아니라 본인 스스로 즐거워하며 하는 것이기 때문에 긍정적인 책임감이라 할 수 있다.

자녀들을 코칭할 때 스스로 책임감을 느끼게 해 주는 일은 매우 중요하다. 『영혼을 위한 닭고기 수프』를 쓴 잭 캔필드는 "여러분의 인생에 대해 100퍼센트 책임지십시오." 라고 말했다. 그런데 부모는 자녀가 책임져야 할 일까지 직접 하려는 경향이 있다.

옛날 어떤 어머니와 아들이 살고 있었다. 어머니는 아들만 바라보며 아들의 수족이 되어 전적으로 희생만 하고 살았다. 아들은 어머니의 비호 아래 성장했고 아무 탈 없이 평범하게 커 가는 듯 보였다. 그러나 그는 마마보이라는 이유로 친구들에게 놀림을 당했고 운동을 하고 싶었지만 어머니가 만류해서 시작하지도 못했다. 결국 그는 어머니의 바람대로 성장하여 꽤 좋은 직업을 가졌고 가정도 이루었다. 어머니는 아들이 너무도 자랑스러웠다.

시간이 흘러 아들이 직장에서 퇴임을 하게 되었다. 퇴임 인사를 하러 단 위에 선 아들을 바라보는 어머니의 눈시울이 붉어졌다. 많은 사람이 지켜보는 가운데 아들이 입을 열었다. 내심 어머니는 자신에게 감사하는 말을 기대했다.

"친애하는 사원 여러분, 저는 여러분에게 부탁드리고 싶은 말이 딱 하나 있습니다. 그것은 인생의 주인은 바로 여러분 자신이라는 사실입니다. 모든 일의 주체는 자신이 되어야 하고 실패하는 것도 자신이어야 합니다. 그래야 스스로 인생에 책임을 질 수 있기 때문입니다. 그런 면에서 저는 절반만 성공한 셈입니다. 태어났을 때부터 제겐 책임이라는 게 없었습니다. 뭐든지 알아서 척척 해 주시는 어머니가 계셨기 때문에 그저 받고만 살면 되는 줄 알았습니다. 그런데 학교생활을 하고 사회생활을 하면서 제가 인생을 잘못 살았다는 생각이 들었습니다. 제가 하고 싶은 일이 있어도 이미 결정의 주체는 내가 아니었으니까요. 이것을 고치기까지 60년이라는 세월이 걸렸습니다. 퇴임을 앞둔 지금에서야 이제 제가 하고 싶은 일을 해보려고 합니다. 이제부터라도 제 인생은 제가 책임을 지도록 하겠습니다."

인사말을 듣고 있던 어머니는 충격을 받았다. 가장 훌륭하게 자녀를 키웠다는 자부심이 무너지면서 자신이 어떤 잘못을 했는지 하나씩 생각이 났기 때문이다. 그러고 보니 자신은 아들을 보호한다는 명목 아래, 한 번도 아들 스스로 책임질 수 있는 기회를 주지 못했다는 것을 깨달았다.

이 이야기의 어머니처럼 어떤 부모들은 자녀에게 도무지 스스로 책임지는 것을 가르치려 하지 않는다. 밥을 먹을 때도 옆에 앉아 일일이 챙겨주고 학교 과제는 곧 부모의 과제가 된다. 집에서도 아이 스스로 해야 할 일은 없다. 심지어 화장실 가는 것까지 부모의 동의를 구하는 것을 볼 수 있다. 아이는 온실 속의 화초처럼 자라고, 부모는 아이에게 많은 것을 해 주었다고 느낄 것이다. 그래서 아이가 성장하여 혼자 해야 할 일이 많아짐에도 불구하고 부모를 의존한다. 도무지 책임감이라고는 찾아볼 수 없어 공동프로젝트에서 탈퇴하기도 하고, 심지어 사랑하는 사람도 책임지지 못하는 일이 벌어진다.

책임감이란 '주어진 시간과 방법으로 맡은 일을 완수하는 것'이라고 정의되어 있다.

어떤 일에 끝까지 최선을 다한 사람이 있다. 대부분의 사람들은 그에게 박수를 쳐 주고 격려를 해준다. 그러나 끝까지 박수를 치지 않는 사람도 있다. 이 경우 박수를 치지 않는 건 그 사람의 책임이지 본인의 잘못이 아니다. 남들이 나의 성과에 대해 박수를 치지 않는 것까지 내가 책임질 필요는 없다. 본인은 자신의 의무를 다하고 자신의 성품과 목표에 대해서만 책임지면 된다. 이때, 자신의 성품이나 목표에 대해 책임을 완수했을 때 다른 사람이 인정해 주지 않는다고 해서 인정해 달라고 구걸하지 않도록 조심해야 한다. 스스로 세운 목표를 이루었을 때 자기 스스로가 만족스럽다면 그것으로 완벽하게 책임을 완수한 것이다.

책임감 느끼기

첫 번째 결혼에 실패한 사람이 나를 찾아왔다. 그는 이혼 후 쉽사리 두 번째 결혼을 결정하지 못해 갈등하고 있었다. 왜냐하면 첫 번째 결혼생활이 불행할 이유가 전혀 없었음에도 불구하고 이혼을 했기 때문이다. 그 사람은 자신의 책임에 대한 코칭이 필요했다.

"첫 번째 결혼이 실패한 것으로부터 얻은 교훈은 무엇인가요?"

"저는 최선을 다해서 결혼 생활을 했습니다."

"그러시군요. 그래도 과거를 되돌아볼 때 자신이 1퍼센트라도 책임질 일은 없으셨나요?"

"없다니까요. 뭐, 굳이 따진다면 주말에 가끔 늦게 들어온 것 정도요?"

"주말에 가끔 늦게 들어오신 것 외에도 또 다른 이유를 굳이 찾아보신다면 무엇이 있을까요?"

"아내가 여행을 가고 싶어했지만 한 번도 함께 가지 못했어요."

코칭을 하면서 그 사람은 완벽하다고 주장했던 첫 번째 결혼 생활에서 자신의 잘못을 찾아내는 데 성공했다. 그리고 나는 그가 책임을 다하기 위해 무엇이 필요한지를 생각할 수 있는 질문을 했다.

"선생님, 그럼 이제 어떻게 새로운 결혼 생활을 하시겠습니까?"

"이제는 늦게 귀가하는 남편이 아닌, 주말만큼은 가족에게 올인하는 가장이 되겠어요. 그리고 한 달에 한 번은 가족 여행을 다녀오겠습니다."

"축하합니다. 선생님 이제 자신의 결혼에 책임지실 수 있을 것 같습니다."

"코치님, 그동안 제가 몰랐어요. 따져보니 모든 게 제 책임이었 군요. 사실 두 번째 결혼을 앞두고 '또 실패하면 어떻게 하나' 하 는 고민을 했는데, 제가 책임져야 할 부분에 대해 명확하게 알고 나니 희망이 생겼어요. 두 번째 결혼 생활은 성공할 것 같아요."

책임감에 대해 코칭을 할 때 키이슈는 2가지다.

첫 번째는 '내가 어떻게 이것을 만들었을까?' 이고 두 번째는 '그 렇다면 어떻게 새로운 결과를 만들 것인가?' 이다.

이러한 관점을 가지고 우리 아이들에게도 책임감을 가질 수 있 는 질문을 해 주면 우리 자녀들은 스스로 책임지는 리더로 성장할 수 있다.

책임감에 관한 코칭은 3단계로 나눠진다. 첫 번째는 문제를 인 식하는 단계, 두 번째는 평가하는 단계, 마지막으로는 계획하는 단계다. 이 3단계는 어떤 문제에라도 적용할 수 있다.

첫 번째 인식 단계에서는 자신에게 굴레가 되는 오래된 문제, 해결하기 힘든 문제를 꺼낸다. 예를 들어 어떤 자녀가 친구를 사 귀지 못하여 외로움을 탄다는 문제를 인식했다고 하자. 첫 번째 단계에서는 왕따의 위기에 처한 자녀의 문제를 인식한다.

이제 두 번째 평가 단계로 넘어가면 그 문제에 대한 자신의 역할에 대해 평가해 보는 것이다. 부모는 자녀에게 친구를 사귀지 못하는 데 1퍼센트라도 책임이 있지는 않은지 물어본다. 앞서 말한 결혼에 실패한 남자의 이야기처럼 자녀는 곰곰이 생각하면서 분명히 자신의 책임을 하나 둘 찾아낼 것이다.

그리고 마지막 계획 단계에서는 책임감의 키이슈 두 번째 질문을 한다.

"그렇다면 어떻게 해야 친구를 사귈 수 있을까?"

자녀는 자신의 책임을 찾아냈기 때문에 자신의 책임의식을 개선하면 된다는 생각을 하게 될 것이다. 그 가운데 자녀는 어려운 문제를 함께 고민하며 해결책을 찾게 되고 어떠한 문제에서든 자신의 책임이 더 중요하다는 사실까지도 알게 될 것이다.

Q 어떤 사람과 더 친밀한 관계를 가지고 싶니?

ex 엄마 아빠와 하나가 되었으면 좋겠어요.

....

....

....

....

Q 그 사람들과 친해지기 위해 어떤 일을 하겠니?

ex 집안일을 도와줄래요. 싫어하는 말은 안 할래요. 먼저 사랑

한다고 말할래요.

....

....

....

....

Q 현재 가장 문제가 되는 일은 무엇이니? 뭐가 자꾸 걸리

고 답답하고 짜증나니?

ex 공부하는 거요. 좋은 대학 가라고 하는 거요.

🖊

Q 그 문제에 대해 1퍼센트라도 네가 책임질 것은 무엇일까?

ex 학원 자주 빠진 것, 시험기간에 친구들이랑 놀러 다닌 것이요

🖊

Q 문제의 원인을 제공한 행동과 반대되는 행동은 무엇일까? 어떻게 그 반대행동을 실천할 수 있을까?

ex 학원을 빠지지 않고 다니고 시험기간에는 공부에 집중하는

거요.

🖊

스스로, 독창적으로

남의 눈은 전혀 의식하지 않으면서 자기 기분에 따라 제멋대로 행동하는 바톨로티 부인의 집에 소포가 하나 배달되었다. 부인은 커다란 상자에 뭐가 들어 있는지 궁금하여 그 자리에서 뜯어보았다. 상자 안에는 깡통으로 만든 한 소년이 있었다. 소년의 팔엔 제조일과 콘라트라는 이름표가 붙어 있었다.

"아니 대체 이걸 누가 보낸 거야? 누가 나 혼자 외롭게 산다고 보냈나?"

보낸 사람 주소를 보니 그 깡통 소년이 만들어진 공장이었다. 놀랍게도 콘라트는 사람과 친해지기 위해 이미 교육을 받은 상태였기 때문에 부인의 집에 잘 적응했다. 바톨로티 부인은 그런 콘라트가 싫지 않았다. 그래서 결국 잘못 배달된 콘라트와 함께 살기로 작정한다.

그런데 문제는 콘라트가 너무 정직하고 예의 바른 소년이라는 것이다. 제멋대로인 부인과는 달리 콘라트는 보수적이고 예의 바르고 열심히 공부했다. 아무리 옆에서 부추겨도 바른 생활 소년인 콘라트는 변하지 않았다.

그러던 어느 날 공장에서 잘못 배달된 깡통 소년을 찾으러 오겠다는 연락이 왔다. 바톨로티 부인은 그동안 정들었던 콘라트와 헤어지고 싶지 않아 한 가지 꾀를 냈다. 남자친구와 짜고 '세상에서 가장 버릇없는 아이 만들기' 프로젝트를 꾸민 것이다. 바톨로티 부인은 그날부터 콘라트를 제멋대로 살게 하려고 노력했다. 처음에는 강경하게 버티던 콘라트였지만, 한 번 규칙을 어기고 하고 싶은 대로 할 수 있는 자유를 누리고 나니 정말 버릇없는 아이가 되었다. 며칠 뒤 공장직원들이 부인의 집에 와서 콘라트를 찾으려 하지만, 그들이 만들었던 바른 깡통 소년 콘라트는 없었다. 결국 콘라트는 자신에게 자유로운 세계를 열어준 부인과 부인의 남자친구와 가정을 이루게 된다.

이 이야기는 크리스티네 뇌스틀링거가 쓴 『깡통 소년』란 책의 줄거리다. 어린아이로부터 어른에 이르기까지 많은 사랑을 받은 『깡통 소년』은 부모로서의 삶을 뒤돌아보게 만드는 책이다. 당신은 그동안 부모로서 자녀를 깡통 소년으로 만들고 있지는 않았는가?

많은 부모들은 알게 모르게 자녀를 깡통 소년으로 만들고 있다. 사회 교육 시스템과 규율, 다른 사람들이 만들어 놓은 법칙으로 아이를 인위적으로 컨트롤하고 또한 완전히 부모의 의도에 맞게 아이를 개조하기까지 한다.

코칭은 이와 같은 기존의 방법을 버리고 새로운 시각으로 자녀를 보게 한다.

창조력이란 모든 사람에게 주어진 권리다. 그리고 창조력은 우리의 위치와 상관없이 몸속에 흐르는 강력한 에너지기 때문에 건강한 환경에서 자녀의 존재가 표현되고 열매를 맺는다. 아이들은 타고나 창조자이기 때문에 몸을 움직이거나 블록을 쌓거나 이야기를 할 때 창조적인 발달을 한다. 이때 부모가 할 일은 그들의 발달을 격려해 주는 것뿐이다.

이렇듯 창조적으로 살 때는 산 위에서 큰 바위가 굴러 내려오는 것과 같이 자연적인 삶을 살지만, 창조적으로 살지 못할 때는 거꾸로 산 위로 큰 바위를 밀어 올려야 하는 지난한 삶을 사는 것이다. 아이들은 자신이 좋아하는 일은 스스로 알아서 한다. 자녀가 스스로 좋아서 하는 일에 바로 자녀의 창조력이 있는 것이다.

그렇다면 어떻게 자녀의 창조력을 발견할 수 있을까? 자녀들의 창조력은 놀이와 게임, 새로운 것을 탐험하거나 유머를 주고받을 때, 심지어 휴식할 때에도 발견된다.

놀이와 게임은 목표를 이루고자 하는 지점과 불가능해 보여서 포기하고 싶은 지점의 가운데에 있다. 놀이를 통해 창조력이 발견되면 목표 지점으로 갈 수 있지만 그렇지 않으면 목표의 방해물만 바라보게 된다. 특히 어린 자녀들의 창조력을 발견하는 과정에서 놀이와 게임은 큰 역할을 한다. 놀이를 통해서 창조력의 씨앗을 발견할 수 있기 때문이다. 그렇기 때문에 자녀가 누구와 노는 것을 즐기는지, 어떻게 노는지, 어떨 때 누구와 놀게 되는지를 관찰하다 보면 자녀가 리더십이 있는지, 남을 잘 배려하는지, 추진력이 있는지 등을 살펴볼 수 있다.

탐험은 놀이보다 조금 더 넓은 의미를 갖는다. 말 그대로 새로운 분야를 경험할 때 창조력이 발견된다. 미국 신대륙을 발견했던 콜럼버스도 결과로만 평가한다면 완전한 실패자였다. 원래 의도는 인도로 가려고 했기 때문이다. 그러나 그의 창조적인 탐험 정신은 미국이란 대륙을 발견하게 했다.

탐험은 굉장한 힘을 보여 준다. 어떤 어머니가 박물관의 연간 회원권을 끊어 아들을 데리고 다녔더니, 아들은 구석구석 박물관을 살펴보면서 웬만한 지도는 다 그려내는 등 역사에 탁월한 창조력을 발휘했다. 또 어떤 어머니는 딸을 데리고 콘서트에 갔더니 아이가 그곳에서 영어로 노래하는 것에 감동을 받았다고 했다. 그후 아이는 언어에 창조력을 발휘하기 시작했다.

놀이와 탐험 외에도 자녀가 창조력을 발휘할 때가 있다. 바로 유머가 살아 있을 때다. 웃음이 있는 순간에는 대부분 창조력이 사용된다. 배움은 즐겁고 기쁜 환경에서 더욱 발전하기 때문이다. 유머의 순간은 사춘기에 접어든 자녀를 다룰 때 특히 필요하다. TV 프로그램을 보고 함께 웃기보다, 부모가 유머감각을 계발하고 함께 웃어준다면 자녀는 웃음으로 화답하며 창조적인 언어를 생각해 낸다.

유머와 함께 휴식의 순간에도 창조력을 관찰할 수 있다. 잘 쉬고 난 후 머리가 맑아지듯 휴식을 통해 새로운 아이디어와 해결책을 얻기 때문이다. 자녀 역시 잘 쉬는 것을 통해 새롭게 에너지를 충전할 수 있다. 그러므로 레슨이나 학과 공부, 창조적 계발 활동 등과 같은 자녀의 스케줄 속에 휴식을 꼭 넣는 것이 좋다.

이제 마지막으로 부모의 역할이 남았다. 창조적인 환경을 만들어 주는 것이다. 사람의 행동유형에는 언어, 태도, 감정이 있는데 새로운 언어, 새로운 태도, 새로운 감정을 느끼도록 해 주는 것이 창조적 환경이라 할 수 있다. 결코 어려운 일이 아니다. 잠들기 전 자녀에게 새로운 이야기를 만들어 주거나 위인전을 읽어주는 것도 창조적인 환경을 만드는 것이다. 부모와 같이 뛰어 놀고 함께 즐기는 경험을 하는 것 역시 마찬가지다.

이렇듯 자녀의 독창성이 여러 다양한 순간에 발견되면 그것은 곧 스스로 에너지를 뿜어낼 수 있는 창조력으로 연결된다. 자녀 스스로 창조적인 모습을 인식하면 자신감이 생기고 자신의 독특한 존재를 깨닫는 힘을 갖게 된다.

자녀의 창조성 높이기

"아파트에 사는 우리 가족은 늘 마음이 불안했어요. 한참 뛰어

노는 두 사내 녀석 때문에 아랫집과 옆집에서 뛰어올까 봐 항상 스트레스였어요. 그래서 아이들이 뛰지 못하도록 주의를 주곤 했죠. 그러니 날마다 지적당하는 두 녀석도 힘들고 저도 힘들었어요. 그래서 아예 환경을 바꾸자는 마음으로 1층으로 이사를 했어요. 게다가 밤까지 뛰어 노는 걸 좋아하는 아이들을 위해 방 하나를 아예 '아이들 방'으로 만들어 줬어요. 방 가운데 텐트까지 쳐 비밀기지를 만들고 베란다에는 모래놀이터를 마련해 주었습니다. 게다가 그 방 벽지나 물건에 맘껏 낙서도 하게 해 줬답니다. 두 녀석은 완전히 신이 났어요. 그런데 몇 달이 지난 뒤 방 청소를 하다가 깜짝 놀랐잖아요. 한 녀석이 벽지에 동물을 그렸는데 너무 생생하게 그린 거예요. 또 한 녀석은 블록을 가지고 전투 기지를 만들어 났는데 제 가슴이 뛸 정도로 잘 만들었더라고요."

어떤 어머니의 이야기다. 아이들의 어머니는 환경을 새롭게 만들고 자녀를 관찰했으며 자녀 역시 놀이와 새로운 환경을 경험함으로써 창조력을 맘껏 표현해냈다. 아이들은 놀이를 통해 가장 '나' 답다고 느꼈을 것이고 창조력이란 힘을 만들어 낸 것이다. 그러므로 부모는 아이의 독특하면서도 창조적인 분야를 계발하기 위해서는 놀이와 게임, 탐험과 유머, 휴식 그리고 환경을 끊임없이 관찰하고 지원하는 역할을 해야 한다.

Q 너는 너의 어떤 점이 가장 마음에 드니?

   ex 재롱잔치 때 많은 친구들 앞에서 멋지게 '차차차'를 추었던

   거요.

   ....

   ....

   ....

Q 언제 가장 기분이 좋고 편안하니?

   ex 나를 찍은 사진이나 내가 나온 비디오를 보고 있을 때요.

   ....

   ....

   ....

   ....

Q 누구와 놀 때 가장 즐겁니?

   ex 저는 아빠와 이불로 김밥놀이 할 때가 제일 좋아요.

   ....

   ....

   ....

Q 지금까지 해 보지 않았던 일 중 뭘 해봤으면 좋겠어?

ex 흑인을 직접 만나봤으면 좋겠어요.

🖉

Q (엄마 또는 아빠)와 함께 있으면 뭐가 가장 즐겁니?

ex 엄마는 표정이 재미있어서 즐겁고, 아빠는 절 간질이는데

재밌어요.

🖉

성품의 리더 만들기

초등학교 1학년에 입학한 여덟 살 배기 태환이는 그저 평범한 아이에 불과했다. 그렇지만 누구보다 밝고 즐겁게 학교생활을 했다. 같은 반 친구인 승환이는 영재 소리를 들을 만큼 똑똑한 아이였다. 승환이는 수업시간에 집중을 잘 했지만 뭐가 그리 심각한지 언제나 표정이 어두웠다. 쉬는 시간이 되어 다른 친구들이 떠들며 이야기를 하고 장난을 칠 동안에도 승환이는 엄마가 넣어 주신 책을 읽었다.

드디어 반장을 뽑는 날이 되었고, 당연히 성적이 좋은 승환이는 반장 후보가 되었다. 반장이 되고 싶었던 태환이는 자청하여 후보가 되었다. 선생님은 후보들에게 후보연설을 하라고 했다. 승환이는 마치 준비해 온 듯 멋지고 우렁차게 연설을 했다. 반면 태환이는 단 위에 서자 얼굴이 빨개져서는 뭐라고 말해야 할지 몰랐다.

"음, 저를 반장으로 뽑아 주신다면 늘 재미있는 반으로 만들겠습니다. 하하하, 그리고 장난도 덜 칠거예요. 그래야 친구들에게 모범이 될 테니까요. 절 반장으로 뽑아 주시면 우리 반이 훨씬 조용해질 거예요. 하하하."

친구들은 태환이의 말에 깔깔대며 웃었고, 선생님도 웃으셨다. 결과는 당연히 승환이의 당선으로 이어졌지만 태환이는 아무렇지 않은 듯 말했다.

"괜찮아. 다음에 하면 되지 뭐. 그나저나 승환아, 내가 우리 반 애들 잘 아니까 말 안 듣는 친구 있으면 말해. 내가 도와줄게."

이 아이들이 성장한 뒤 다시 만나게 되었다. 어려서부터 친구에게 먼저 다가가 손을 내밀던 태환이는 쉴새없이 전화벨이 울리고 주변 사람들이 많이 찾는 사회인이 되었고, 승환이는 전문직에 종사하는 조용한 엘리트가 되었다.

객관적인 기준으로 둘 다 성공한 사례라 할 수 있지만, 한 사람은 더불어 사는 즐거움을 만끽하고 있는 반면 다른 한 사람은 그것을 누리지 못하고 있다.

세계를 뒤흔드는 리더 그룹의 이야기를 접할 때면 공통적으로 발견할 수 있는 특징이 있다. 태어날 때부터 세계적인 리더로 태어나지 않았다는 것이다. 지금 리더의 위치에 오른 사람들은 태생부터 훌륭한 사람이라기보다 후천적으로 만들어진 경우가 대부분이다. 여러 분야의 리더들에게 그들의 성공비결을 묻곤 한다. 그럴 때마다 그들은 주변의 사람에 대해 말하곤 한다.

"리더는 손을 요구하기 전에 먼저 마음을 건드린다."

존 맥스웰의 멋진 이야기처럼 세계적인 리더들 중에는 '사람'을 중요하게 생각하는 사람들이 많다.

애플 컴퓨터의 살아 있는 신화로 불리는 스티브 잡스는 경영자로서 파란만장한 삶을 살았다. 대학에서 퇴학을 당하고 자신이 설립한 회사에서도 축출당한다. 췌장암으로 사형선고를 받기도 했지만 포기하지 않고 재기하여 세계적인 경영자로서 억만장자 대열에 합류한다. 몇 번의 실패 끝에 애플 컴퓨터로 돌아온 그는 '매일을 인생의 마지막 날처럼 살라'고 말해 사람들에게 깊은 감동을 선사하기도 했다.

월마트를 창업한 샘 월튼 회장은 사람의 소중함에 대해 강조한 경영자다. 그는 '보스는 단 한 사람, 바로 고객뿐이다.'라고 말할 정도로 사람을 소중하게 여겼다. 월튼 회장은 전적으로 인간 중심 사업을 추구하며 직원을 동료로 바꿔 부르도록 할 정도로 사람에게 사랑과 존재감을 불러 넣었다.

더 나아가 AT&T의 로버트 그린리프 사장은 '섬기는 리더십'을 주창하며 생명력 있는 일터가 되도록 직원과 고객을 섬기겠다고 밝혔다.

존 맥스웰의 말처럼 사람을 소중하게 생각한다는 것은 전략적인 경영기술보다 사람과의 관계를 더 중요하게 생각한다는 것이다. 종종 사람들에게 존경하는 세계적인 리더의 어떤 면이 가장 존경스러운지 묻곤 한다. 그러면 사람들은 그들의 성과와 업적이 아닌 성품과 인격에 감동받았다고 말한다. 그만큼 세상을 살아나가는 데 있어 가장 기본적이고 중요한 것은 성품이다.

자녀를 코칭하는 부모 역시 자신의 자녀를 세계적인 리더그룹에 합류시키길 원할 것이다. 그러기 위해서 학원 몇 군데 더 보내는 것보다 모든 리더들의 기본적인 소양이 되었던 성품을 먼저 기르도록 하는 것이 중요한다.

관계를 만들어가는 기술을 배우는 것이야말로 기본적인 성품을 갖추는 데 중요한 역할을 담당한다. 관계를 형성하는 기술은 8가지로 나눌 수 있다. 얼마나 지속적으로 관계를 맺는가, 환경에 굴하지 않고 즐거워하는 관계를 맺는가, 화해하는 관계를 만드는가, 신뢰하는 관계를 유지하는가, 옳지 않은 일에 대해 얼마나 정의로운가, 친절한가, 절제하는가, 겸손한 자세로 관계를 유지하는가 등 8가지 관계형성 기술을 말한다.

8가지 관계형성 기술은 리더로서 좋은 성품을 갖추는 데 필요하며 부모가 평소에 의식적으로 아이들에게 훈련을 해야 하는 부분이다. 그렇기 때문에 코칭을 할 때는 소프트웨어에만 치중할 것이 아니라 성품을 이루는 하드웨어에도 치중할 필요가 있다. 결국 성품과 인격을 갖춘 자녀가 세상에 영향력을 미치는 훌륭한 리더가 된다.

8가지 관계형성 기술

관계형성 기술은 앞서 말한 바와 같이 8가지다. 이 8가지 관계형성 기술은 각각의 기술이라기보다 연결된 하나의 기술이라 할 수 있다. 부부가 만나 가족을 이루는 과정을 보면, 참고 즐거워하고 화해하며 신뢰하고 때론 징계도 하고 친절을 베풀고 절제하면서 겸손해지는 과정이 필요하다. 부모와 자녀가 만나 가족을 이루는 과정 역시 8가지 관계형성 기술을 따른다.

학교나 사회에서는 다양한 사람들과의 만남이 이루어진다. 그러므로 관계형성 기술은 더욱 필요하다. 그래야만 사회성이 길러질 수 있고 그 안에서 리더로서 성품을 갖출 수 있기 때문이다. 8가지 관계형성 기술에 대한 간략한 설명을 하면 다음과 같다.

1. 오래 참음: 지속적인 관계형성 기술
   ◐ 실수하거나 배우는 과정이 성장하고 있는 시간이라는 것을 깨닫는 것이다. 실패에 굴하지 않고 오랜시간 인내하며 사람을 포용하며 목표를 이룬다.
2. 기쁨: 즐거워하는 관계형성 기술
   ◐ 환경에 의해 감정이 영향을 받지 않도록 하는 것이다. 자신이 가장 자신다울 때 즐거움을 느끼며 환경이나 사람에 상관없이 늘 기쁨을 유지한다.
3. 평화: 화해하는 관계형성 기술
   ◐ 자신과 관계된 공동체와 화합하고 평안을 유지하기 위해

노력하는 것이다.

4. 충성: 신뢰하는 관계형성 기술

◐ 자신이 의지하고 관계하는 사람을 존중하고 신뢰하는 것
이다. 사람들에게 충성하는 사람은 스스로 존경받게 된다.

5. 선함: 불의에 타협하지 않는 관계형성 기술

◐ 온전히 '선' 이란 기준에 도달하기 위해 노력하는 것이다.
불의를 피하며 늘 선한 것에 마음과 언행을 집중한다.

6. 친절: 친절의 관계형성 기술

◐ 자신과 연관된 사람뿐만 아니라 모르는 사람들에게까지
친절을 베푸는 것이다. 즉 겸손하게 경청하고 사람의 이름을
기억하며 다른 사람을 배려하고 그들의 필요를 채워준다.

7. 절제: 절제하는 관계형성 기술

◐ 모든 생활에서 자신의 성품과 목적을 지키기 위해 언행을
절제하는 것이다. 이것을 계발하려면 생활 속에서 일관성을
유지해야 한다.

8. 온유: 겸손의 관계형성 기술

◐ 온유는 다른 사람에게 순종하며 겸손한 마음을 가지는 것
이다. 마음에 이기심과 욕심을 없애고 다른 사람을 존귀하게
여길 때 겸손해지고 온유해진다.

Q 8가지 관계형성 기술 중 우리 아이가 가장 잘하는 기술
은 무엇인가?

> *ex* 평화의 기술. 우리 자녀는 자신과 친구들이 모두 행복해하
> 는 것을 좋아한다.

_____

_____

_____

_____

Q 가장 계발해야 할 기술은 무엇인가?

> *ex* 선함의 기술. 불의한 상황에 맞닥뜨리면 그 상황을 모면하
> 려는 경향이 있다.

_____

_____

_____

_____

Q 어떻게 이 기술을 계발할 수 있을까? 자녀와 함께 계획을 세워보자.

ex 역할극을 해 본다. 부모는 불의한 사람, 자녀는 정의로운 사람이 되어 각자의 역할을 맡아 이야기를 나누어 본다.

어떻게 코칭할 것인가

자녀에게 사랑을 전할 때 가장 중요한 것은 사랑을 받는 상대방을 먼저 고려하는 것이다. 더불어 자녀가 사랑을 표현할 때는 표현하는 이의 입장을 고려해야 한다. 코칭의 기본 진리는 모든 게 내 책임이라는 것이다.

현재를 충분히 즐겨라

한 과학자가 신문기자와 인터뷰를 했다. 기자는 어떻게 과학자로 성공할 수 있었는지 물었다. 그러자 과학자는 이런 대답을 했다.

"어렸을 때 부엌에서 놀다가 식탁에 있는 우유곽을 바닥에 떨어뜨린 적이 있었어요. 바닥에는 우유가 튀었고 순간, 저는 엄마한테 혼이 날 것 같은 두려움에 얼어붙었죠. 그런데 어머니는 오히려 미소를 지으시면서 '이왕 이렇게 됐으니 실컷 논 다음 청소하자'고 하시며 스펀지와 숟가락과 그릇을 주셨습니다. 그때 저는 스펀지에 우유가 흡수되는 현상이 그렇게 신기할 수가 없었어요. 물론 실컷 놀고 물청소도 같이 했어요. 그때 저는 실패는 없다고 생각했어요. 결국 과학자가 되어 실패에 실패를 거듭했지만 저에게는 어머니가 길러 준 탐구의 근성이 있었지요."

자녀들은 실수할 때가 많다. 어른들도 실수투성이인데 하물며 아직 성장하지 못한 자녀들은 더더욱 그렇다. 그러나 실수가 놀이로 변하는 순간, 부모는 자녀의 숨겨진 잠재력을 끌어낼 수 있고 나아가 세계를 깜짝 놀라게 할 위대한 사람으로 만들 수 있다.

과학자의 어머니는 아이가 스펀지에 우유가 흡수되는 것에 대단한 흥미를 느끼고 있다는 사실을 발견했다. 아이마다 흥미를 느끼는 분야는 다르다. 그것을 발견하는 일은 쉬울 수도 있고 어려울 수도 있다. 자녀를 잘 관찰하게 되면 당연히 흥미로워 하는 분야를 발견할 수 있다. 아마 그 어머니는 그 이후로도 생활 속에서 과학적인 원리를 적용할 수 있는 분야가 있다면 기꺼이 아들을 위해 개방했을 것이다.

흥미를 느끼는 분야를 일찌감치 관찰함으로써 자녀를 세계적인 리더로 키워낸 부모는 무수히 많다.

프로 골퍼 안시현 선수의 부모는 어린 시절부터 아이에게 다양한 세계를 경험하도록 했다고 한다. 공부뿐만 아니라 음악, 미술, 체육 등 다양한 분야를 경험하게 하면서 싫증을 느낄 때는 곧바로 그만두게 했다. 그러던 어느 날 우연히 가족운동으로 선택한 골프에 안 선수가 유난히 관심을 갖자 적극적으로 지지해 주었다. 그 결과 좋아하는 일을 선택하게 된 안 선수는 세계를 재패하는 골프 선수로서 우뚝 섰다.

부모는 늘 현재의 시점에서 우리 아이에게 발견되는 새로운 점을 경이로운 눈으로 바라보며 즐기는 여유를 가질 필요가 있다.

한 가지 재밌는 예를 들어 보겠다. 어머니가 초등학교에 입학한 아이를 데리러 갔다. 수업이 끝난 아이를 데리고 집으로 돌아오는 모습은 세 가지 유형으로 나뉜다. 하나는 아이의 손을 잡아끌고 성큼성큼 앞서 가는 유형이다. 또 하나는 아이는 앞서서 걸어가고 어머니는 뒤에서 터덜터덜 따라가는 유형이다. 마지막으로는 아이의 손을 잡고 보폭을 맞추어 걷는 유형이다.

이때 부모가 앞서 가는 첫 번째 유형은 미래에 살고 있는 부모의 모습을 보여 준다. 아마 아이의 손을 잡아끄는 어머니는 '학원은 몇 시까지 가야하지? 오늘 저녁에 무슨 일이 있지?'와 같은 생각을 하며 다가오지도 않은 미래에 대한 걱정 때문에 당연히 발걸음이 급해질 수밖에 없을 것이다.

부모가 뒤쳐져서 오는 두 번째 유형은 과거에 살고 있는 모습을 보여준다. 아이를 앞세운 어머니는 뒤에 오면서 '휴, 어제 좀 더 공부를 시킬 걸…. 그나저나 지난번 시험은 잘 봤나?' 하며 지나간 과거에 대해 후회하느라 자연스럽게 걸음이 늦어질 것이다.

마지막으로 자녀와 부모가 함께 걷는 세 번째 유형은 바로 현재에 사는 부모의 모습이다. 수업을 끝내고 집에 가는 시간을 즐기고 있기 때문이다. 함께 걸으면서 서로에게 있었던 일을 묻기도 하고, 길에 핀 꽃에 대해 이야기를 나누기도 한다. 학교 앞 떡볶이집을 지나가다 떡볶이 한 컵을 사서 나눠먹기도 하는 등 그들은 현재를 즐기고 있다.

물론 이 예가 조금은 극단적이라 할 수도 있겠지만, 현재를 즐긴다는 것이 어떤 것인지 알 수 있다. 이처럼 현재를 있는 그대로 즐기는 것은 코칭의 기본이다. 이미 지나간 과거에 집착하거나 다가오지도 않은 미래를 생각하며 불안해하는 것이 아니라 현재에 집중해서 충분히 오늘을 즐기며 살아가는 것이다.

그렇다면 어떻게 부모와 자녀가 모두 현재를 살아갈 수 있을까? 자녀는 현재 가장 재미있고 흥미를 느끼는 일을 하고, 부모는 그러한 자녀를 관찰하며 자녀의 흥미에 동참하는 것이다.

한번은 부모에게 아이들이 이 세상을 어떻게 바라본다고 생각하는지, 그리고 자신은 세상을 어떻게 바라보는지 2가지를 나누어 적어 보라고 했다. 그러자 아주 재미있는 대답이 나왔다.

● 자녀가 바라보는 세상	● 내가 (부모가) 바라보는 세상
재밌다. 신난다. 좋다. 착하다. 예쁘다	말세다. 썩었다. 갈 데까지 갔다. 문제 투성이다.

많은 부모님들이 이렇듯 정반대의 의견이 나온 것을 보고는 실소를 금치 못했다. 이처럼 아이가 바라보는 세상과 어른이 보는 세상은 다르다. 그래서 부모는 과거와 미래에 집착하기 쉽지만 아이는 현재를 충분히 즐긴다. 이제 자녀의 눈높이에서 세상을 바라볼 필요가 있다. 코칭의 대상과 눈높이를 맞추는 것은 코칭의 기본이다. 그리고 현재를 충실히 산다는 것은 부모에게도 너무나 큰 선물이다.

아이와 같은 눈으로 세상을 바라본다면 삶이 얼마나 즐거워질까? 아이처럼 길가에 핀 꽃을 즐기고 맛있는 것을 먹으며 행복하게 산다면 걱정 근심은 없어질 것이다.

부모로서 현재를 충실히 살고 있는지 스스로에게 질문을 던져 보라. 나는 이 순간을 완전하다고 인정하고 있는지, 자녀들이 요구하는 일을 해 주었는지, 자녀가 실수했을 때 무의식적으로 화를 내는지 아니면 그것을 기회로 삼는지, 스스로에게 질문을 던져 높은 점수가 나올 때까지 노력한다면 여러분은 현재를 즐기고 있는 부모다.

Q 오늘 가장 즐거웠던 일은 무엇이니?

> *ex* 발표하고 선생님께 칭찬들은 것과 놀이터에서 친구와 놀았
> 던 것이요.

Q 내일은 무엇을 하면 가장 보람있을까?

> *ex* 학교 갔다 와서 수영하는 것이요.
> 엄마와 맛있는 음식 먹는 거요.

Q 만약 일주일 또는 한 달간 네가 하고 싶은 일을 맘껏 하
게 한다면 뭘 하고 싶어?

ex 컴퓨터 게임의 고수들을 만나서 게임 잘하는 방법에 대해
들어보고 싶어요.

Q 부모와 함께 지금 가장 해보고 싶은 일은 무엇이니?

ex 공원에 가서 자전거를 타고 싶어요.

자녀의 자립을 꿈꿔라

자녀가 초등학교 3~4학년만 되어도 부모는 외롭다고 한다. 이유인즉슨 학교와 학원으로 도는 아이들이 부모와 함께 할 시간이 없기 때문이다. 그래서 어떤 부모는 자녀에게 자신의 모든 것을 쏟아붓고는 자녀가 성장한 후에 공허함을 느끼기도 한다. 품 안의 자식이라느니 그동안 나는 뭘 했는지 모르겠다는 등의 말을 한다. 이것은 부부가 아이와의 유대관계를 소홀히 했거나 아이가 완전한 리더로 설 때를 미리 생각하지 않았기 때문일 수도 있다.

아이들 또한 자기 스스로 뭔가 하려는 마음을 갖지 않고 먹고 싶은 메뉴를 선택하거나 심지어 학교 갈 때 운동화를 신는 것까지 모든 것을 부모에게 의존하고 있다가 어느 날 갑자기 부모 곁을 떠나야 할 때 당황한다. 성장하여 사회에 진출해서도 뭐든 부모에게 의존한다. 마치 어미 뱃속의 주머니에서 사는 캥거루처럼 모든 것을 부모에게 의존하며 살던 자녀는 사회에 나가서 공동체 생활을 하는 데 어려움을 겪는다.

자녀의 자립심을 도와주는 삶의 기술은 어떤 것일까? 코칭에서는 다음과 같은 7가지 삶의 기술을 자녀에게 가르칠 것을 권하고 있다. 사람들과 어떻게 관계를 맺을 것인가, 어떻게 재정적인 능력을 갖출 것인가, 가사 일, 인생의 교훈들, 기계적인 기술, 자기

관리, 사업적인 기술, 이렇게 7가지 삶의 기술을 말한다.

어떤 분이 7가지 삶의 기술을 보고는 '부모가 무슨 전천후도 아니고 어떻게 이 모두를 완벽하게 가르칠 수 있는가' 라고 한다. 부모에게 전문가가 되라는 것이 아니다. 당연히 전문가가 될 수 없다. 다만 부모는 자신이 알고 있는 것을 가르치고, 언제 전문가를 부를 것인지를 파악하여 자녀와 전문가를 연결시켜 주는 일을 하면 된다.

영원한 챔피언, 영원한 지지자

"박사님은 타고난 코치 같으세요."

많은 분들이 이렇게 말하곤 한다. 국내 최초의 세계적인 코칭 센터라 할 수 있는 아시아코치센터를 만들고 국내에서 최고의 코치를 배출해 온 경력 덕분인 것 같다.

그러나 나는 한국의 교육 제도에 적응을 못했던 학생이었다. 규율이나 학교에 묶여 있는 것을 거부했던 고등학교 시절, 친구들과 밴드를 조직하여 한때 음악에 심취하며 공부와는 완전히 담을 쌓고 지냈다.

그런 아들을 바라보시던 부모님은 걱정이 태산이었다. 그리고 그즈음 우연히 유학에 대해 생각하게 되었고, 그때부터 나는 외국에 가서 공부하고 싶은 마음을 부모님께 말씀드렸다. 나를 잘 알고 있는 사람들은 "니가 무슨 유학이냐"며 쓴소리를 했지만, 딱 한 분 어머니는 내 말에 귀를 기울여 주셨다. 정말로 공부하고 싶은 분야에 대해 말씀드리자 어머니만은 나를 믿어주시며 도저히 유학을 보낼 상황이 아니었는데도 보내주셨다.

홀로 외국으로 가게 된 나는 먼 친척의 집에서 지내면서 비로소 내 존재를 바라보게 되었다. 한국에서는 아무도 나를 믿어주지 않았지만, 외국에서 공부를 하면서 정말 내가 하고 싶은 일을 즐길 수 있게 되었다. 대학 2학년 때는 더 좋은 학교로 전학을 가기 위해 미술 실기 시험을 치렀는데 내가 느낀 대로 창의적으로 그리자 교수들이 지지해 주었고 나는 그 학교에 합격할 수 있었다.

그 학교의 교수님들이 학생들을 지지하는 모습은 참으로 감동적이었다. 한번은 A학점을 주지 않기로 소문난 교수님의 강의를 수강하게 되었다. 교수님은 학생들에게 지금까지 자신이 한 번도 보지 못한 것을 가져오라는 과제를 내 주셨다. 학생들은 새로운 것을 찾기에 혈안이 되었고 나 역시 고심하여 예쁜 것을 선택해서 가져갔다. 그런데 그 클래스에 괴짜 친구 하나가 있었다. 강의 시간이 되어 다들 새로운 것을 내놓는데, 그 친구는 아주 이상한 물건을 내놓았다. 냄새도 나고 마치 쓰레기같이 보이는 것이어서 학생들의 표정은 찡그려졌다.

그런데 그 교수님은 다른 친구들의 물건은 거들떠 보지도 않다가 그 괴짜 친구의 물건 앞에서 떠날 줄 몰랐다.

"자네 물건은 여태까지 한 번도 본 적이 없는 것이네. 앞에 나와 자세히 설명을 좀 해 주겠나?"

단 한 명도 그 친구를 지지해 주지 않았지만 교수님은 그의 독창성과 창의성을 발견해 준 것이다. 그 친구는 학생들 앞에서 열심히 설명을 마쳤다. 그리고 A학점을 받았다. 그런데 더 놀라운 일은 괴짜 친구를 향한 교수님의 끊임없는 지지로 인해 졸업할 때 그 친구는 톱클래스 그룹에 들게 된 것이다. 한 사람의 지지가 학생의 운명을 뒤바꾸어 놓았다. 교수님이 괴짜 친구의 탁월함을 믿고 지지해 준 것이 그를 성공으로 이끌어 주었다.

아무도 내 유학에 대한 열망에 관심을 보이지 않았을 때 유일하게 지지해 준 분은 어머니셨다. 삶에서 중요한 시기에 자신의 열정을 펼칠 수 있도록 지지해 주는 사람이 있다면 그 사람은 반드시 꿈을 이루고 행복한 삶을 살 수 있을 것이다. 부모는 자녀의 삶에 가장 강력한 지지자다. 즉 부모의 지지가 자녀의 삶을 행복하게 하고 성공으로 이끈다.

감독이 선수를 코칭할 때, 경기가 있는 날 최상의 컨디션을 유지하기 위해 매일 훈련을 시켜 1퍼센트씩 실력을 키운다. 그것은

1퍼센트 챔피언 경험을 갖게 함으로써 선수 스스로 챔피언이 되었음을 매일 느끼게 해 주는 것이다. 한꺼번에 할 수 없는 100퍼센트에 도전하는 것이 아니라 할 수 있는 1퍼센트씩 도전하면서 결국에는 챔피언이 되도록 하는 것이다. 이와 같이 부모도 자녀가 느려보이고 미숙해 보이더라도 조그마한 발전이나 성공을 인정해 주고 지지해 주는 끊임없는 노력이 필요하다. 자녀를 지지한다는 것은 그들에게 어마어마한 선물이다.

그렇다면 어떻게 자녀 스스로 챔피언이 되었음을 느끼게 할 수 있을까? 한번은 SBS에서 방영하는 "마지막 주자들의 행복"을 본 적이 있다. 방송에 나오는 자녀들은 대부분 꼴지를 면치 못하는 마지막 주자들이었다. 한 아이는 열정은 많지만 암기를 하지 못해 열등감에 사로잡혀 있는가 하면 어떤 아이는 학교에 이불을 가지고 가서 누워 있기도 한다. 하지만 그 아이들은 각자의 꿈이 있고 장점이 있다.

결국 학교에서 마지막 주자로 낙인 찍혔던 아이들이지만 10년 후 마지막 주자들의 삶은 완전히 변해 있다. 공부는 못했지만 마술부에 들어간 후 흥미를 느끼고 성취감을 경험한 학생은 마술가로 성공했고, 책을 펴면 5분만에 좀이 쑤시지만 무언가를 그리고 조각하는 일에는 놀라운 창조력을 보였던 학생은 세계적인 판화가가 되어 있었고 발레리나로 무대에 선 뒤 성취감을 맛보았던 학생은 실력있는 발레리나가 되어 있었다.

이 프로그램을 보면서 아이들이 챔피언이 될 수 있는 분야는 다양하다는 것을 알 수 있었다. 또한 어떤 분야에서든 챔피언십을 경험했을 때 인생은 180도 뒤바뀐다는 사실도 알게 되었다.

이처럼 자녀를 챔피언으로 만들기 위해서는 아이가 가장 흥미를 느끼는 부분과 자신의 존재감을 느끼는 부분에 대해 충분히 이야기해 볼 필요가 있다. 또한 어떤 일을 성취했거나 때론 실패했을 때도 한결같이 자녀를 지지해 주는 모습이 필요하다. 우리 아이들들은 영원한 챔피언이며 부모는 그들의 영원한 지지자다.

● 자녀 챔피언 만들기 코칭 사례

부모: 엄마는 네가 이렇게 맛있는 음식을 만든 게 너무 놀라워.

자녀: 맛있게 드셨어요?

부모: 그럼, 엄마가 먹어 본 라면 중에서 최고의 라면이었어.
　　　라면의 이름이 있니?

자녀: 네, 고추송송계란탁 라면이에요. 영화 제목을 조금 바꿨어요.

부모: 호호호, 정말 재밌는 이름이네. 고추를 넣어서 매콤했구나. 라면을 끓일 때 어떤 기분이었니?

자녀: 재미있고 즐겁고 가슴이 두근두근거렸어요.

부모: 무엇이 널 그렇게 가슴 두근거리게 만들었을까?

자녀: 소꿉놀이 할 때는 진짜 음식이 아닌데 주방에서는 진짜 음식을 가지고 요리를 하니까 정말 흥분되요. 제가 남자라서 친구들이 놀릴까봐 걱정은 되지만 그래도 요리가 좋아요.

부모: 요리하는 게 우리 아들을 흥분시키는구나.

그러면 요리할 때 너는 어떤 모습을 하고 있었을까?

자녀: 불 앞에서 더운 줄도 모르고 기다렸어요.

그리고 언제 고추를 넣을지 언제 계란을 탁 풀어 넣을지 시간을 재고 있었어요.

라면이 다 익을 즈음 고추를 넣을 때 그 매운 맛에 눈물이 나기도 했어요.

부모: 와, 정말 가슴이 두근두근했겠다. 요리 이야기를 들으니까 엄마도 무척 재밌어.

자녀: 공부하는 제 모습보다 요리할 때 제 모습이 훨씬 좋아요.

부모: 요리하는 네 모습을 좋아하는 이유가 뭘까?

자녀: 좋아하는 일을 맘껏 하고 있으니까요.

부모: 그런데 예전에도 지금 요리할 때처럼 흥분한 적이 있었니?

자녀: 음, 아! 작년에 이모 집에서 엄마랑 이모랑 누나랑 쿠키 만들 때도 흥분됐어요.

부모: 아, 그때? 맞아. 우리 아들이 만든 고양이 모양 쿠키가 인

기였잖아.

그런데 요리할 때 항상 좋은 음식만 나오는 건 아니잖아. 요리에 실패했을 때도 있었니?

자녀: 있었어요. 어제 동생을 위해 자장면을 끓여 줬는데, 시간을 잘못 계산하는 바람에 조금 탔어요.

부모: 그때 네가 원한 건 어떤 자장면이었는데?

자녀: 알맞게 잘 익고 오이까지 얹은 상큼한 자장면이요.

부모: 정말 맛있겠다. 상상만 해도 침이 고이는구나. 너는 상큼한 자장면을 만들고 싶었지만 잘 안 됐구나. 앞으로는 어떻게 해 볼 셈이니?

자녀: 이번 주말에 다시 한번 도전해 볼 거예요. 그땐 정말 상큼한 자장면이 완성될 거예요.

부모: 그래. 엄마도 기대하마. 우리 아들, 앞으로 3년 뒤에는 어떤 모습으로 변해 있을까?

자녀: 아마 그때는 요리 실력이 더 좋아질 거예요. 미스터 초밥왕처럼 맛있는 초밥 만들기를 하고 있을 것 같아요.

부모: 미스터 초밥왕, 정말 멋지다. 세상에서 가장 맛있는 초밥을 기대할게.

Q 무언가를 성공했을 때 기분이 어땠니?

ex 짜릿했어요.

🖉
....

....

....

Q 무엇이 그렇게 너를 흥분하게 만들었을까?

ex 아, 나도 할 수 있다는 생각이요.

🖉
....

....

....

Q 네가 좋아하는 모습은 무엇이니?

ex 내가 하는 일에 자신있는 모습이요.

Q 그것을 좋아하는 이유는 무엇일까?

ex 내가 좋아하고 잘하는 것을 찾아서 더 좋아하는 것 같아요.

Q 실패했을 때 마음 속에 어떤 새로운 의도가 생겼니?

> *ex* 계속 시도하겠다는 마음이 들었어요.

🖊

Q 3년 뒤 어떤 모습으로 변해 있을 거라 생각하니?

> *ex* 전문가가 되서 이름을 날릴 것 같아요.

🖊

D형(주도형) 부모와 S형(안정형) 자녀

"우리 애는 나랑 너무 성격이 달라. 애가 왜 그렇게 답답하지? 뭘 하자고 하면 준비하는 시간만 30분이야. 속에서 천불이 난다니까."

"말도 마. 우리 애는 무슨 일에 관심이 있으면 일단 뛰어들고 본다니까. 사람이 좀 신중하게 생각해야 하는 거 아니니? 나는 신중하게 생각하고 결정해야 직성이 풀리는데, 우리 아이는 빨리빨리 해야 좋은가봐. 그런데 또 작은 애는 나랑 잘 맞아. 한배에서 태어났는데도 어쩜 그렇게 다른지 몰라."

두 어머니가 전화로 자녀와의 성격 차에 대해 이야기를 하고 있다. 아마 많은 분들이 공감하는 부분이라 생각한다. 혈연으로 맺어진 가족이지만 성격은 각양각색이다. 그도 그럴 것이 사람은 누구나 독립적인 존재며 타고난 기질이 다르기 때문이다.

부모코칭을 중간에 중단하거나 진전이 없는 이유는 코칭을 하는 부모가 자녀의 성격과 기질을 제대로 이해하지 못해서다. 코칭의 기본인 자녀를 존재로서 바라보는 것까지는 하겠는데, 성격이나 기질이 맞지 않을 경우 인내심의 한계를 느낀다는 것이다.

한번은 D형(주도형)인 아버지가 S형(안정형)인 자녀를 코칭하기 시작했다. 성격유형은 잠시 뒤에 따로 설명하겠지만, D형은 한마디로 모든 일에 주도적으로 일을 추진하는 성격을 말한다. 자기주도적인 성격이므로 일을 할 때도 다른 사람보다 앞서서 해야 하고 빨리빨리 해야 한다. 그런데 S형 자녀는 아버지와는 반대되는 성격이었다. S형이라 불리는 성격은 안정형을 의미한다. 환경에 순종하고 다툼과 갈등을 싫어하는 성향이 강하기 때문에 수동적이고 우유부단한 모습을 보이기도 한다.

아버지는 코칭의 필요성을 깨달아 자녀와 소통하기를 원했다. 그동안 부모 자녀 간에 대화가 거의 없었고 이름뿐인 가족의 분위기를 확 바꿔보겠다는 뜻을 가지고 출발한 코칭이었다. 그러나 한 달이 채 지나지 않아 침통한 표정으로 찾아와서는 상담을 했다.

"저는 할 만큼 했어요. 센터링도 열심히 했고 우리 아이의 기분이 어떨까, 우리 아이의 존재는 어떤 존재인가 생각도 많이 했다고요. 그런데 본격적으로 코칭을 하려고 하면 도무지 코칭이 이루어지지 않는 거예요. 이건 생각을 하는 건지 우유부단해서 그런 건지 한 가지 질문에 대답하려면 10분은 족히 기다려야 하니…."

그때 나는 책임감 코칭으로 바로 들어갔다. 코칭이 원활하게 되지 않는 것에 아버지의 책임이 1퍼센트도 없었냐고 물었다. 그러자 아버지는 스스로 자신의 급한 성격과 기다려주지 못한 마음, 자녀와 자신은 다르다는 것을 인정하지 않았던 것을 고백했다.

코칭에서는 모든 책임은 바로 나 자신에게 있다는 말을 자주

한다. 모든 책임은 나에게 있다는 것을 의식하고 문제를 바라보면 의외로 쉽게 해결 방법을 찾을 수 있기 때문이다.

D형 아버지와 S형 자녀의 갈등은 흔히 볼 수 있는 광경이다. 그러나 성격과 기질이 다르다는 사실을 인정하고 사실 그대로 바라보면 의외로 쉽게 해결된다. 이 아버지의 경우 자녀의 성격유형을 관찰해야 했다.

'자신에게 불리한 상황인데도 이 아이는 미소를 짓는구나.'

'새로운 일을 시도할 때 자꾸 피하려고 하는구나.'

'다른 아이보다 빨리 양보하는구나.'

이렇게 관찰하다 보면, 자녀의 성격을 이해할 수 있게 된다. 그러면 본격적으로 코칭을 할 때도 뭔가 새로운 일을 강요하기보다는 양보와 온유함이란 아이의 장점을 부각시켜 주는 데 주력할 것이다.

모든 사람은 성격이 다르다. 다만 다른 성격을 최대한 수용하고 그 성격에 맞도록 코칭할 수 있다면 상대방은 훨씬 수월하게 코칭을 받을 수 있을 것이다.

성격의 유형을 DISC라고 하며, D형(주도.추진형), I형(사교형), S형(안정형), C형(신중형)으로 구분한다. 간단히 이것을 구분하는 기준은 일이 우선이냐 사람이 우선이냐와 일을 빨리 하느냐 천천히 하느냐다. 사람보다 일을 중시하면서 일을 빨리빨리 진행하고 서

두른다면 D형이다. 그러나 일을 중시하지만 신중하게 천천히 일하는 유형은 C형이다. 그리고 일보다 사람을 먼저 생각하며 모든 일에 서두르는 경향이 있는 유형은 I형이다. 사람을 중시하며 모든 일을 천천히 처리하는 유형은 S형이다.

이처럼 DISC에 대한 간단한 설명을 했다. 그런데 아래 표에서 서로 대각선 관계에 있는 D형과 S형, C형과 I형은 성격상 극과 극일 수밖에 없다. 그렇기 때문에 부모와 자녀의 성격이 어떤지 파악하고 얼마나 닮았는지 얼마나 다른지 안다면 코칭을 할 때 많은 도움이 될 것이다.

D형 (주도형)⇨ 일 / 빨리빨리	I형 (사교형)⇨ 사람 / 빨리빨리
• 예고적 특징: 독재자 • 이미지: 손, 발로 뛰는 사람 • 인정하는 방법: 추진한 일을 인정해 주며 관심을 갖는다	• 예고적 특징: 애정결핍자 • 이미지: 입이 살아 있는 사람 • 인정하는 방법: 칭찬을 해주고 매사에 감동해 준다
C형 (신중형)⇨ 일 / 천천히	S형 (안정형)⇨ 사람 / 천천히
• 예고적 특징: 비판하는 자 • 이미지: 머리로 일하는 사람 • 인정하는 방법: 침묵으로 신뢰를 얻는다	• 예고적 특징: 이기주의자 • 이미지: 귀가 열린 사람 • 인정하는 방법: 조용하고 편안하게 들어 준다

〈 DISC 특징 〉

〈성격유형별 코칭〉

	특징	대표적 인물	코칭의 방향
D형	일의 속도가 빠름 고정관념 쉽게 탈피 창조적 비전 제시 개척자 감정조절이 떨어짐	아키오모리타 회장 (창의적 추진력으로 소니 명칭 도입, 포켓용 기계 개발)	세부적 지시는 금물 스스로 할 수 있는 일을 제시 위인전을 읽게 함 원대한 꿈을 심어 줌
I형	부드러우며 활동적 친구를 쉽게 사귐 골치 아픈 일을 싫어함 사랑스러운 존재	허브캘러허 회장 (위기에 처한 사우스 웨스트항공사 직원에 게 절절한 편지를 보 냄)	아이의 사교성을 함께 칭찬함 공부보다 인간관계 를 발전시킴 대화, 화술, 약속 개 념을 심어 줌 덜렁대는 습관 고칠 계획을 세움
S형	갈등과 압박을 싫어함 안정적이고 꾸준함 변화를 싫어함 좋아하는 분야에의 고집	마더 테레사 수녀 (생명의 존엄성에 대 한 고집스러움과 인 도주의 정신으로 섬 김 실천)	"나서서 한번 해 봐" 라는 독려는 금물 "쓸데없는 짓 하지 마" 라는 말은 금물 신속한 결정 내리도 록 도움 고집스런 이기심에 제동을 검
C형	원칙적이고 신중함 자신과 남의 실수 비판 확신이 서면 천하무적 최고의 감성 소유	마이크 델 회장 (고객의 요구를 들으 려 수십만 통의 전화 를 걸고 메일발송, 델 컴퓨터 성공)	"넌 알 것 없어"라는 말은 금물 "시키는 대로 해"라는 말은 금물 작은 실수에 자학하 지 않도록 격려 함께 토론하는 장을 마련

자녀의 'PLACE'를 발견하라

'과연, 우리 아이에겐 어떤 재능이 있을까?'

'어떤 숨겨진 열정이 있을까?'

부모코칭의 목적은 자녀가 스스로 좋아하는 일을 찾아서 하며 행복한 삶을 살아가도록 도와주는 것이다. 이런 이유로 자녀의 여러 가지를 관찰하는 일에 많은 시간을 보낸다.

물론 앞에서 설명한 자녀의 장점을 살펴보는 것으로도 잠재력을 발견할 수 있다. 그러나 조금 더 체계적으로 들어가 보자. 자녀의 내면에 있는 잠재력을 실생활에서 어떻게 활용할 수 있으며 어떤 비전을 구체화시킬 수 있는지 안다면, 더 구체적으로 목표를 세우고 실행할 수 있다. 그런 면에서 PLACE를 알아보는 일을 권한다.

PLACE는 성격유형인 DISC와 더불어 자녀의 재능과 능력을 계발하는 데 좋은 도구가 된다. 이것을 창시한 미국의 제이 맥스 웨인은 '내 아이가 서야 할 자리는 어디인가'에 대한 연구를 하던 중 PLACE를 창시했으며, 이것은 부모코칭에 있어 자녀를 이해하는 데 많은 유익을 주고 있다.

PLACE는 5가지 분야에서 자녀를 찾아보는 것이다.

- P (Personality discovery) 성격 유형

- L (Learning spiritual gifts) 타고난 재능

- A (Abilities Awareness) 능력

- C (Connecting passion with ministry) 열정

- E (Experiences of life) 삶의 경험

이제 자녀가 5가지 분야에서 어떤 특징을 가지고 있는지 알아 보자. 아이 스스로 자신을 생각하는 것과 부모가 생각하는 모습이 다를 수도 있다. 그러나 이것은 정답이 있는 것이 아니라 가능성 있음을 나타내는 것뿐이다. 5개의 각 분야에 어떤 특징이 있는지 체크해 보자.

Q 너는 어떤 성격 유형에 속한다고 생각하니?

> *ex* 타고난 기질로 나타나는 성격을 탐색해 보는 것이다. 앞서
> 말한 DISC 유형을 조사해 보고 어떤 유형에 속하는지 체크
> 해 보라.

🖉

Q 너의 재능은 무엇일까?

> *ex* 타고난 16가지 재능(리더십, 긍휼, 행정, 직관, 구제, 가르
> 침, 일/비전, 신뢰, 격려, 섬김, 도움, 지혜, 지식, 접대, 분
> 별, 세일즈) 중에 자신에게 해당하는 재능이 무엇인지 체크
> 한다.

🖉

Q 너의 능력은 어떤 것일까?

ex 사람의 6가지 능력(기업형, 사교형, 연구형, 예술형, 현실
형, 전통형) 중 자녀가 가진 능력은 어떤 것인지 체크한다.

Q 너의 열정은 무엇일까?

ex 열정은 사회적 지위를 얻을 수 없더라도 기꺼이 하고 싶은
마음이 생기는 것을 말한다. 열정에도 15가지 종류가 있으
며(영향력, 지도, 도전, 사교, 계발, 봉사, 공연, 개선, 완벽,
개척, 위임, 개조/수선, 변호, 교육, 경영/유지/보수) 이 중
어떤 일을 자녀가 기꺼이 하고 싶어 하는지 체크한다.

Q 재능과 열정을 가르쳐 주고 싶은 대상이 누구인가?

> ex 자녀에게 자신의 재능과 열정을 알려주고 싶은 사람들이 있는지 물어 본다. 그 대상이 바로 자녀의 꿈을 값있게 평가해 줄 사람들이다.

Q 과거의 즐거웠거나 고통스러웠던 경험을 통해 배운 가치나 교훈은 무엇일까?

> ex 부모의 입장에서는 정리하는 것은 쉽지만 자녀는 힘들 수 있다. 부모의 경험을 말해 준 뒤 아이의 경험을 들으며 어떤 것을 배웠는지 물어본다.

내 아이는 자신의 (열정)으로 (열정의 대상)에게 (경험을 통해 배운 가치)를 위하여 (재능)과 (성격)과 (능력)을 사용할 것이다.

이 문장은 자녀가 서야 할 자리에 대해 조금 더 명확하게 말해 줄 것이다. 혜린이라는 아이와 함께 PLACE를 체크해 보았다. 혜린이의 성격 유형은 S형이었으며, 아이는 가르치는 재능이 있었고, 전통형 재능을 갖추고 있었다. 또 뭐든 완벽하게 하려는 열정이 뛰어나고 친구나 동생들에게 그 열정을 전해 주고 싶어 한다. 그리고 과거의 여러 가지 경험을 비춰볼 때 자신보다 어린 사람을 존중해 주겠다는 교훈을 얻었다고 말했다.

자, 이제 혜린이의 PLACE를 살펴보겠다.

'내 아이 혜린이는 친구나 동생들에게 완벽한 열정을 가지고, 다른 사람을 존중하기 위해 자신의 가르침의 재능과 안정적인 성격, 전통형 능력을 사용할 것이다.'

이 말을 조금 더 풀어 보겠다. 혜린이는 동료들이 존중받도록 하기 위해 태어났으며, 이를 위해 가르치는 재능과 전통형의 능력과 안정형의 기질을 타고났다고 말할 수 있다. 이처럼 PLACE는 자녀 스스로의 존재감을 알게 하고, 어떤 비전을 세워야 하며 어떤 방향으로 가야 할지 알려주기 때문에, 아이들을 코칭할 때 중요한 단서를 제공해 준다.

● 16가지 재능

리더십: 방향과 목표를 제시하고 목표달성을 위해 사람과 자원을 모으고 일하는 재능

긍휼: 아픈 이들의 상처에 공감하고 동정심을 표현하며 위안을 주는 재능

행정: 목표달성에 필요한 자원을 파악하여 효과적인 방향으로 운영하는 재능

직관: 영적인 통찰력을 가지고 담대하게 선포하는 재능

구제: 자신의 소유와 재산을 다른 이에게 기쁜 마음으로 드리는 재능

가르침: 진리를 이해하는 데 도움을 주도록 전달하는 재능

일(비전): 성장과 발전을 위해 생산적인 일에 집중하는 재능

신뢰: 약속을 지키며 사람들을 믿고 의지하는 재능

격려: 힘들어 하는 사람에게 용기와 위안을 주고 격려하여 방

법을 제시하는 재능

섬김: 조직 내에서 다양하게 지원하며 조직원들이 바람직한 결
　　　과를 효과적으로 이루게 하는 재능

도움: 다른 사람들이 조직에서 자신의 재능을 발휘할 수 있도
　　　록 도와주는 재능

지혜: 진리를 파악하고 분별하여 적용하는 재능

지식: 진리에 대해 통찰력을 갖고 설명 불가능한 진리를 이해
　　　시키는 재능

접대: 음식과 머물 곳이 필요한 이들에게 자신의 집을 제공하
　　　는 재능

분별: 가르침이나 행위의 동기가 옳고 그른지 파악하는 재능

세일즈: 자기가 가지고 있는 상품을 설득력있게 설명하고 판매
　　　하는 재능

● 사람의 6가지 능력

　• 기업형

　◎ 타고난 리더며 항상 책임을 떠맡을 준비가 되어 있다. 어
　　려움을 극복하는 걸 즐기며 자신의 생각대로 설득하길 좋
　　아한다.

　　장시간 투자해야 할 일에는 인내심을 발휘하기도 한다.

스스로 원기왕성하고 열정적이고 모험적이며 자신감이 있다.

• 사교형

◎ 사람 대하는 일에 자유롭고 친구를 사귀며 자신을 표현하는 데도 능하다

그룹의 중심에 서는 걸 좋아하고 토론하기를 즐긴다.

스스로 유쾌하며 인기가 많고 우수하다고 생각한다.

• 연구형

◎ 관찰하고 분석하기를 즐긴다.

복잡한 문제를 푸는 걸 즐기며 시험에 도전하는 걸 즐긴다.

규칙이 엄격한 곳이나 사람이 많은 곳이나 있는 것을 꺼린다.

과학 분야에서 독창적이고 창의적인 사람이 되고 싶어 한다.

• 예술형

◎ 창의력이 뛰어나고 상상력이 풍부하다.

예술적으로 자신을 표현할 수 있는 환경을 좋아한다.

혼자 또는 소수의 사람과 있는 걸 좋아한다.

민감하고 감성적이며 자신을 표현하고자 하는 욕구가 강하다.

• 현실형

◉ 집보다는 바깥에 나가는 것을 즐긴다.

실제로 체험하는 것을 좋아하며 운동이나 몸으로 하는 일을 좋아한다.

자기 생각을 말로 표현하는 데 어려움을 느끼고 의사전달이 서툴다.

생각이나 관심사가 다소 진부하지만 실질적이다.

• 전통형

◉ 아주 조직적인 활동을 좋아한다.

앞장서기보다 조직적인 지휘체계 아래 있는 걸 좋아한다.

사람들이 자신에게 무엇을 기대하고 있는지 알아야 마음이 놓인다.

다소 의존적이고 구식인 듯 보이지만 지조 있고 점잖다.

● 15가지 열정

영향력: 사람들이 내 생각에 따르도록 영향력을 발휘한다.

지도: 사람들이 어떤 방향으로 나아가도록 격려하고 이끈다.

도전: 새로운 생각이나 새로운 일을 하는 것을 즐긴다.

사교: 공통의 목적을 위해 사람들을 모아 기회를 제공한다.

계발: 자원을 체계적으로 정리하여 조직화하는 능력이 있다.

봉사: 다른 사람들이 성공하도록 도와주는 것이 좋다.

공연: 사람들 앞에서 주목받는 것을 좋아한다.

개선: 이미 만들어진 것을 더 좋은 방향으로 바꿀 수 있다.

완벽: 언제나 정확하고 최고가 되려고 노력한다.

개척: 아무도 하지 않은 일을 시도하는 걸 좋아한다. 포기하지 않는다.

위임: 사람들 적성에 맞게 임무를 배정하는 일을 할 수 있다.

개조(수선): 고장난 것을 고치는 것을 좋아한다.

변호: 옳은 일을 옹호하고 불의에 대항한다. 반대편 앞에서도 그렇게 한다.

교육: 다른 사람들에게 목표 달성하는 방법을 가르칠 수 있고 이해시킬 수 있다.

경영(유지 · 보수): 잘 운영되고 있는 일이 더 잘 운영되도록 유지하는 일을 좋아한다.

사랑의 코칭대화

부모코칭을 받고 있던 한 사람이 자신의 아들에게 너무도 충격적인 이야기를 듣고 왔다며 이야기를 시작했다.

"저는 코칭을 공부하면서 한 가지 깨달은 게 있어요. 제가 아이를 그저 아이로 대했다는 거예요. 아이를 존재로 보지 않고 제 소유물쯤으로 생각했기 때문에 항상 제한하는 말, 시키는 말을 많이 했어요. 그래서 코칭에서 자녀를 나와 같은 성인으로 대하라는 말을 들었을 때 많이 반성했어요. 그동안 제가 아이에게 화가 나면 소리도 지르고 체벌도 많이 했거든요. 그런데 코칭을 받다가 아이는 부모가 소리지르며 하는 말에 말할 수 없는 상처를 받는다는 이야기를 듣고 다시는 소리 지르지 않으리라 다짐을 했어요. 그런데 하루는 우리 아들이 실수를 했어요. 저는 너무 화가 났지만 속으로 꾹꾹 누르며 '그래, 5분만 참자. 그러면 화가 가라앉을 거야.' 하며 참았어요. 아이는 당연히 제 눈치를 보면서도 금세 화를 내지 않으니 의아해했어요. 억지로 몇 분을 참고 겨우 소리를 지르지 않았는데, 저도 모르게 한숨이 나오더라고요. 그런데 아들이 '엄마, 화 많이 났어요?' 라고 말하는 겁니다. 저는 표정을 바꿔 그럴 수도 있다며 아이를 격려했어요. 헌데 아들이 '그런데 왜 소리지르셨어요?' 그러더라고요. 제가 언제 그랬냐니까, '방금 엄마가 휴 하고 소리 질렀잖아요.' 이러는 겁니다. 순간 아이는 부모의 표정과 숨소리까지도 민감하게 받아들이는구나 싶더라고요."

우리의 자녀들은 상상할 수 없을 만큼 예민하고 감성적이다. 부모가 자신의 거울이며 모델이기 때문에 부모의 일거수일투족을 지켜본다. 그렇기 때문에 부모의 표정 하나 몸짓 하나가 자녀들에게는 대화가 될 수 있다.

자녀를 코칭을 할 때 사용할 수 있는 여러 가지 질문과 기술들이 많다. 그러나 그 모든 것을 하나로 포함시킬 수 있는 건 자녀를 사랑하고 있는 부모, 부모를 믿고 있는 자녀의 관계를 형성하는 것이다. 아이가 충분히 사랑받고 있음을 느꼈을 때 코칭의 효과도 나타나기 때문이다.

그렇다면 지금 여러분은 자녀와 사랑으로 대화하고 있는가? 이 질문에는 자녀들이 대답해야 할 것이다. 당장 자녀들에게 부모의 대화방법에 대해 질문해 보길 바란다.

"네 입장에서 볼 때 엄마(아빠)가 너를 사랑하는 마음으로 말한다고 느끼니?"

자녀는 1점부터 10점 중 냉정하게 점수를 줄 것이다. 물론 10점을 받았다면 언제나 사랑의 방식으로 메시지를 전달하고 있는 것이다. 하지만 1점을 받았다면 노력을 많이 해야 할 것이다.

사랑의 대화는 타고난 것이 아니라 학습되는 것이다. 마치 몸의 근육을 키우는 것과 같아서 운동을 하는 것처럼 대화할 때 사랑으로 하도록 늘 연습해야 한다.

사랑의 태도로 대화하는 것의 핵심은 경청이다. 잘 들어 주는 것이 왜 메시지를 전달할 때의 핵심이 될까? 잘 들어야만 상대의 욕구를 알 수 있기 때문이다. 많은 사람들이 오해하기를 자신의 표현과 답이 사랑이라고 생각한다는 것이다. 그러나 사랑은 상대방의 방법을 이해하는 것이다. 그러니 경청은 당연하다. 자기 식으로 하면 폭력이 될 수 있다. 자녀는 따뜻하게 안아주기를 원하는데, 부모는 어깨를 툭툭 쳐주며 격려한다면 이미 그것은 잘못된 사랑이 되고 만다. 그러니 상대방이 어떤 사랑을 원하는지 알고 그 기준에 맞춰 사랑을 표현해야 한다.

사랑의 대화방법은 간단하다. 자신이 말하는 사람이 되었을 때 다음과 같은 방법을 따른다.

> 내가 보고 들은 것 → 내가 생각하고 느끼는 것 → 내가 원하
> 는 것을 진심으로 말하는 것

반면 경청하는 입장이 되었을 때는 먼저 상대방의 이야기를 다 듣고 나서 확인한다.

> '이런 말씀이지요? → 더 하실 말씀은? → 이런 말씀이군요.
> → 더 하실 말씀은?(할말이 없을 때까지 묻는다) → 제가 이
> 야기를 좀 해도 될까요?'

상대방의 이야기를 재차 확인하는 것은, 자신이 잘 듣고 있다

는 것을 표현하는 것이다. 사실을 듣고 감정을 듣다 보면 욕구와 의도를 알 수 있고, 결국 상대가 무엇을 원하는지 알 수 있다.

경청에는 3가지 방법이 있다. 말한 것만 경청하는 경우와 목적을 가지고 경청하는 경우, 한마음으로 그 사람 입장에서 느끼며 경청하는 것이다. 첫 번째 경우는 사람의 말을 통해 느껴지는 감정과 의도를 들어주는 것으로 듣는 이의 판단으로 경청하는 것이다. 두 번째 목적을 가지고 경청하는경우는 상대방이 의도한 목적을 들어주는 것이다. 마지막으로 한마음이 되어 경청하는 것은 직감으로 듣는 것이다. 이것은 직감으로 그 사람과 관련된 모든 것을 경청하는 것이다.

이해를 돕기 위한 예를 들겠다. 지금 자녀가 여러분 앞에 앉아 있다. 아이는 여러 가지 이야기를 쏟아놓는 중이며 여러분은 그 이야기를 앞의 3가지 방법을 이용하여 경청하고 있다.

"고등학생이 되었을 때 저는 학교생활에 잘 적응하고 학업도 잘 하리라 생각했었어요. 그런데 중학생 때와는 달리 친구들 사귀기는 것도 쉽지 않고, 동아리 위주로 활동하다 보니 저만 떨어진 느낌도 들어요. 지금까지 친구들을 사귈 땐 항상 제가 리드하는 입장에 서 있었는데 지금은 그럴 자신이 없어요. 그래서 매일 혼자 좋아하는 만화를 그리곤 했어요. 그런데 하루는 한 친구가 제가 그린 만화를 보더니 관심을 갖더라구요. 그 친구도 만화를 그리는 데

관심이 많았나봐요. 그날 그 친구와 같이 만화도 그리고 이야기도 나누다가 친해지게 되었어요. 그런데 알고보니 우리 반에 만화에 관심있는 친구가 꽤 있더라구요. 이젠 만화 덕분에 친구들도 많이 사귀게 되고, 그 친구들과 함께 만화 동아리를 만들어 볼까 생각도 해보게 됐어요."

우리 자녀가 하는 말에서 어떤 것을 느낄 수 있을까? 일반적으로 듣는다면 그저 자녀가 친구를 사귀기 어려워한다는 것과 동아리를 만들 생각을 하는 중이라는 것 정도를 알게 될 것이다.

그러나 경청의 3가지 방법에 따른다면, 제일 먼저 말하는 아이의 감정과 느낌 그리고 말하는 의도가 무엇인지를 생각하며 들어보는 것이다. 아이는 친구를 사귀고 싶은데 잘 되지 않아 답답하고 소외된 느낌을 받고 있다. 결국 아이의 의도는 다양한 친구들과 사귀고 싶다는 것이다.

또 만화 동아리 이야기를 통해 그저 동아리를 만들어 보겠다는 것 외에 친구들에게 영향력을 끼치는 사람이 되고 싶은 마음을 읽을 수 있다. 그렇다면 이제 아이의 이야기를 들으며 생각의 폭을 넓히자. 과거 아이는 친구가 많았고 넘치는 사교성으로 즐거웠다. 그렇다면 앞으로 아이의 사회성은 어떻게 발전할까? 아이는 어떤 친구들을 사귈까? 이런 다양한 생각을 하며 경청을 하는 것이다.

이러한 경청이 이루어지면 짧은 대화에서 훨씬 더 많은 교감을 나눌 수 있게 되고 속 깊은 대화를 나눌 수 있게 된다. 앞서 말했듯 자녀는 부모의 표정과 말투에서도 사랑의 대화를 하고 있는지 아닌지 가늠한다. 따라서 부드러운 억양과 표정 그리고 존중하는 마음으로 들어줄 때 비로소 자녀의 입과 귀와 가슴이 열리는 것이다.

자녀들이 부모에게 진정 원하는 것은 "우리가 네 얘기를 듣고 있단다. 힘들지? 이제 내가 어떻게 도와줄까? 내가 이 문제에 대해 어떻게 했으면 좋겠니?" 하는 중립적인 사랑의 태도다.

사랑의 코칭 대화

최근 들어 겉돌기 시작하는 아들과 그의 어머니는 대화의 벽을 실감한다. 2가지 코칭 대화의 예를 통해 경청이 얼마나 중요하며 사랑의 대화가 얼마나 효과를 발휘할 수 있는지 비교해 보자.

● 일반 가정에서의 대화

부모: 너, 왜 학교 안 갔어?
자녀: 그냥 가기 싫어서.
부모: 뭐? 그게 말이 돼? 너 그게 대체 무슨 소리야? 벌써부터

학교 때려 치려고 그러냐?

자녀: 아, 몰라. 가기 싫을 때도 있잖아.

부모: 학교가 가기 싫으면 안 가도 되고 그런 데냐? 애가 정말
뭐가 되려구 이래.

자녀: 나도 다 이유가 있어.

부모: 그래, 대체 무슨 이유인데? 어디 좀 들어 보자.

자녀: 애들이 나만 왕따시킨단 말이야.

부모: 다들 공부하느라 그런 거잖아. 너도 공부해 봐라. 그럴
새가 있나.

자녀: 그만해. 아무튼 엄마랑은 말이 안 통해.

● 코칭 대화

부모: 엄마랑 얘기 좀 하자. 학교에서 전화가 왔는데 너 오늘
결석했다며?

자녀: 응, 오늘 학교 안 갔어.

부모: 뭐 때문에 안 갔니? 엄마한테 말해 줄 수 있겠니?

자녀: 별로 말하고 싶지 않아.

부모: 음, 기분이 별론가 보네.

자녀: 몰라. 요즘 괜히 화나고 짜증나고 그래.

부모: 그랬구나. 엄마도 괜히 화나고 짜증날 때가 있긴 해. 그럴 땐 누구한테 이야기를 하고 나면 속이 시원해지던데, 너도 엄마한테 털어놓을 생각은 없니?

자녀: 그냥 아침에 학교 가는데 친구 둘이 자꾸 장난을 치는 거야. 가방도 뺏고 뒤통수도 때리고.

부모: 그래? 친구들이 너에게 짓궂은 장난을 쳤구나. 그리고?

자녀: 꾹 참고 갔는데, 일찍 온 우리 반 짱이 또 나한테 시비를 거는 거야. 내가 키가 작다고 좀 무시했거든.

부모: 그랬구나.

자녀: 시비 거는 그 자식한테 가서 다시는 시비 걸지 말라고 하고 나와버렸어. 거기에 있다가는 꼭 싸울 것 같았어.

부모: 거기 있으면 싸울 것 같았구나!

자녀: 그게 다야.

부모: 이제 엄마가 얘기 좀 해도 되겠니? 먼저 이렇게 얘기 해 줘서 고마워. 엄마가 듣기에 친구들이 시비 거는 게 굉장히 속상했던 것 같아. 사실 너는 친구들과 잘 지내고 싶었을 텐데.

자녀: 맞어. 나는 친구들이 시비 거는 게 너무 싫어.

부모: 그랬구나…. 네가 무척 답답했을 것 같아. 니 뜻대로 되

지 않아 속상했겠구나. 너는 큰 싸움을 피하고 아이들과 학교에 피해를 주지 않으려고 했던 거구나.

자녀: 그것까지는 모르겠고, 싸움을 피하고 싶은 마음은 있었어. 그래서 그냥 수업을 받지 않고 나온 거야.

부모: 엄마가 어떻게 도움을 줄 수 있을까?

자녀: 엄마가 해 줄 일은 없어. 제 행동을 이해해줘서 고마워요. 내일은 학교에 가서 그 친구한테 앞으로 잘 지내자고 할게.

사랑의 주파수를 맞춰라

불같은 사랑을 하고 부부가 된 두 남녀가 있다. 그러나 뜨겁던 사랑이 조금씩 식고 결혼생활을 하다 보니 둘은 서로 다른 점을 발견하기 시작했다. 부인은 남편이 자상하게 집안일을 도와주길 원했지만, 남편은 집안일에는 전혀 신경을 쓰지 않았다. 어느 날 불만에 가득한 부인이 남편에게 말했다.

"당신은 날 사랑하지 않는군요."

"그런 말이 어딨어? 난 당신을 정말 사랑한다구. 매일 포옹하고 키스하는데 모르겠어?"

"그게 사랑이라고 생각해요? 전 부인의 일을 도와주고 집안일에 세심하게 신경 써 주는 고마운 남편의 사랑을 받고 싶다구요."

"어떻게 그게 사랑이지? 내가 생각하는 사랑은 신체적인 접촉이라구."

이 부부의 말에 옳고 그름이 있을까? 그렇지 않다. 두 사람이 원하는 사랑 모두 사랑의 언어기 때문이다. 게리 체프먼(Gary Chapman)은 자신의 저서 『5가지 사랑의 언어』에서 밝히길 모든 사람은 5가지 사랑의 언어로 사랑을 원한다고 말한다.

- 양질의 시간 – 즐겁고 보람된 시간을 함께 보냄
- 확신에 찬 말 – 칭찬과 긍정, 후원과 격려
- 선물 – 보상과 베풂, 축하와 기념일 선물 등
- 스킨십 – 포옹과 입맞춤, 어깨동무, 손을 잡아 줌
- 서비스 – 희생과 도움, 경청, 상대방의 필요를 채움

각자 이 5가지 사랑의 영역에 속하는 부분이 있을 것이다. 그런데 내가 받고 싶은 사랑의 영역과, 사랑을 베푸는 상대방의 영역이 다르다는 데 갈등이 생긴다.

한 부모가 있었다. 그는 아들과 딸에게 언제나 확신에 찬 말로 자신의 사랑을 표현하곤 했다.

"넌 잘 할 수 있어. 정말 훌륭해. 우리 열심히 해 보자."

자주 이런 말을 함으로써 자신은 충분히 사랑을 표현하고 있다고 생각했다. 그러나 자녀들의 성향은 부모와 달랐다. 아들은 무척 사근사근한 성격 탓에 사춘기임에도 불구하고 신체적인 접촉을 해야 사랑받는다고 느꼈다. 그래서 틈날 때마다 포옹을 하는 등 자신의 사랑을 표현했다.

딸은 조금 달랐다. 자그마한 선물에 크게 감동받고 사랑을 느꼈기 때문에, 아기자기한 액세서리, 간단한 넥타이 핀 등을 선물하여 사랑을 전했다. 그러나 그의 부모는 자녀들의 애정 표현에 무관심했으며, "왜 우리 아이들은 확신이 없을까, 왜 부모에게 확신을 주지 못할까?" 하고 늘 부족함을 느꼈다.

이렇듯 동상이몽 속에 살고 있는 이 가정의 이야기에서 우리는 코드가 다른 사랑을 볼 수 있다. 이러한 불행이 생기게 되는 이유는 사랑을 주는 사람이 자기 방식대로 사랑하기 때문이다. "내가 생각하는 사랑은 이것이니 이렇게 해주면 내 사랑을 느끼겠지?"라는 이기적인 마음으로 사랑하기 때문에 주파수가 달라지는 것이다.

그렇다면 우리 자녀는 어떤 사랑의 언어를 원하고 있을까? 그것을 알아보는 방법 역시 자녀를 관찰하는 것이다. 자녀의 성격유형을 파악하는 것도 좋은 방법이 될 수 있다. 사교형인 I형은 사랑을 요구하는 유형이므로 I형 자녀에게는 대부분의 경우 신체적인 접촉이 사랑을 주는 방법이 될 수 있다. 반면 신중함의 표상인 C형 자녀에게는 말보다 조그만 선물로 마음을 표현하는 것이 더 효과적이다.

자녀에게 사랑을 전할 때 가장 중요한 것은 사랑을 받는 상대방을 먼저 고려하는 것이다. 더불어 자녀가 사랑을 표현할 때는 표현하는 이의 입장을 고려해야 한다. 코칭의 기본 진리는 모든 게 내 책임이라는 것이다. 사랑을 줄 때는 상대방이 원하는 사랑의 언어로 표현하고 사랑을 받을 때는 상대방이 주는 사랑의 언어로 받아들이면 되는 것이다.

미국에서 알고 지낸 한 지인이 있었다. 그 분은 워낙 신체적인 접촉을 좋아하시는 분이셨다. 한번은 오랜만에 만난 내게 반가움을 표현하시려고 뒤에서 나를 확 밀었다. 그리고는 "왔어?" 하며 반갑게 인사를 하셨다. 그 후로도 10번도 넘게 나를 밀며 애정을 표현하셨다. 나 역시 처음엔 당혹스러웠지만, 그러한 스킨십이 그 분이 원하는 사랑표현이라는 걸 알고난 뒤 기꺼이 즐거움에 참여했다. 그 후부터 그분과 나는 연령을 초월해 서로 악수도 하고 '쎄쎄쎄'도 하는 막역한 사이가 되었다.

때론 당황스러운 방법으로 자녀가 사랑을 표현할 수도 있다. 혹은 자녀가 사랑을 받아들이지 못할 수도 있다. 사랑을 표현할 때 부모와 자녀는 주파수를 맞출 필요가 있다. 사랑의 주파수가 맞아야 코칭이 시작될 수 있기 때문이다.

(시간)   이번 주말을 같이 보내요.
(확신)   정말 잘 할게요! 잘 할 수 있어요.
(선물)   작은 선물이에요. 어울릴 것 같아서.
(스킨십) 엄마가 안아 주세요.
(서비스) 도와드릴 거 없어요? 제가 도울게요.

부모가 표현하는 상처주는 언어

(시간)   가만히 좀 놔 둘래? 생각할 게 있어
(확신)   말만? 넌 맨날 말만 그러더라.
(선물)   뭐하러 돈 쓰니? 이런 걸로 무마하려고?
(스킨십) 귀찮게 좀 하지 마. 넌 덥지도 않니?
(서비스) 넌 왜 시키지도 않은 일을 하니?

[5가지 사랑의 언어와 상처주는 언어]

커뮤니케이션의 시너지 효과

한 학급의 학급회의가 이루어지고 있었다. 주제는 '학급 환경 좋게 만들기'로 학생들이 저마다 의견을 내놓기 시작했다. 평소 아이디어가 넘쳐나는 것으로 유명한 A는 학급회의에서도 자신의 능력을 발휘했다.

"학급 환경을 좋게 만드는 데는 여러 가지 방법이 있어요. 학교

오는 토요일을 꽃 가꾸는 날로 정해서 미니 정원을 만드는 거예요. 또 주마다 개그 콘테스트도 열고, 분단별로 축구 경기를 하는 것도 좋을 것 같아요. 그리고 청소당번을 정하는 것보다 청소하고 싶은 사람을 정해서 달란트를 주는 겁니다. 그리고 또… ”

속사포처럼 아이디어를 쏟아내는 A의 이야기가 끝나자 B가 손을 들고 날개를 달기 시작했다.

“정말 좋은 의견 같아요. 특히 미니 정원은 정말 멋질 것 같아요. 친구들이 집에서 화분 하나씩 가져오고 무당벌레도 키우는 거예요. 그리고 매주 콘테스트를 열면 다른 반에도 소문이 날 테고 그러면 학교 행사로도 만들 수 있을 거예요. 분단별 축구 경기는 조금 더 발전시켜 학교별 축구대회로 만들 수도 있잖아요.”

B는 A의 아이디어를 구체화시키고 더 큰 행사로 발전시킬 방법들을 말했다. 그런데 C라는 아이가 회의에 찬물을 끼얹었다.

“정원을 만드는 것은 불가능해요. 정원답게 꾸미려면 흙도 있어야 하고 공간도 있어야 해요. 우린 그게 없잖아요. 그리고 개그 콘테스트는 몇몇 아이들만 참가할 수 있기 때문에 오히려 학급 분위기가 나빠질 수 있어요.”

갑작스런 C의 반응에 A의 표정은 굳었고 어깨에 힘이 빠졌다. 그러자 회의를 진행하던 D가 중재에 나섰다.

“지금 토론은 A가 다양한 아이디어를 많이 내주었기 때문에 활발하게 진행할 수 있었어요. 그렇지만 A가 낸 모든 의견을 다 실천하는 것은 불가능해요. 그러니 우리 A의 아이디어 중에 가장 좋은 것 하나를 고르면 어떨까요?"

그때 가만히 지켜보던 E가 손을 들고 이야기를 시작했다.

"이야기를 종합해 볼 때 학급 분위기를 좋게 만들기 위해서 할 수 있는, 가장 실천하기 쉬우면서 효과적인 방법은 청소 달란트 제도라고 생각합니다. 다른 건 불가능한 점도 있고 오히려 학급 분위기를 흐릴 수 있는 위험이 커요. 그렇지만 청소를 스스로 하게 하는 달란트 제도를 만든다면 다른 학급에도 좋은 인상을 줄 수 있고, 우리 반 친구들도 뭔가 스스로 하려는 마음이 생길 수 있을 것 같네요. 이 방법이 가장 좋겠어요."

결국 학급회의를 통해 시작된 청소 달란트 제도는 성공을 거두었고, 다른 학급까지 이어지는 결과를 낳게 되었다.

여러분은 지금 A부터 E까지 다섯 아이들의 이야기를 들었다. 이 아이들의 의사전달 방식을 보면 각양각색이다. A의 경우는 창조자이다. 이 아이는 1초에 만 개를 생각할 수 있는 두뇌를 가지고 있기 때문에 쉴 새 없이 아이디어를 쏟아낸다. 그것이 가능한지 가능하지 않은지는 중요하지 않다.

그런데 창조자의 의사전달 장점을 가진 자녀들은 대부분 게을러서 혼자서는 아이디어를 잘 내려고 하지 않는다. 그래서 창조자 옆에는 항상 창조자의 잠재력을 끌어내 줄 B와 같은 추진자가 필요하다.

B와 같은 추진자는 창조자로 하여금 좋은 아이디어를 맘껏 낼 수 있도록 하는 추진력을 갖추고 있다. 그래서 아이디어가 나올 때면 그것을 어떻게 구체화시킬 수 있는지 방법을 모색한다.

그런데 C와 같은 개선자는 상당히 이성적인 아이다. 많은 아이디어 중에 99퍼센트를 잘라내고 그 중 현실적이고 실현가능한 것으로 몇 가지만 골라 순위를 정해 놓는다. 창조자 A의 입장에서는 상당히 자존심 상하고 가슴 아픈 일이다.

그때 필요한 사람이 D와 같은 촉진자다. 촉진자는 서로간의 의견을 잘 교환할 수 있도록 중간에서 기름을 발라주고 이해시켜주는 역할을 한다. 의사를 전달하는 과정에 있어서 촉진자는 반드시 필요한데, 만약 앞의 토론에서 D가 없었다면 의견이 하나로 모아질 수 없었을 것이다. 그 전에 서로가 상처받고 돌아갔을 테니까 말이다. 그렇기 때문에 대화에 있어서 A와 B와 D, D와 E와 C의 만남이 이루어져야만 원활한 커뮤니케이션이 진행될 수 있다.

마지막으로 E는 실행자로서 가장 현실적이고 실현가능한 한 가지를 찾아 실행에 옮긴다.

커뮤니케이션의 사이클을 보면 서로가 서로에게 영향을 미치고 있다. 창조자는 추진자를 만나야 하고, 추진자는 개선자가 있어야 하며, 개선자는 실행자를 만나야 구체적으로 진행될 수 있기 때문이다. 물론 개선자와 실행자가 만날 때 반드시 촉진자가 필요하다.

부모는 자녀를 코칭할 때 자녀가 어떤 의사전달 장점이 있는지 유심히 살펴봐야 한다.

대화를 통해 자녀가 어떤 유형인지 알게 되었다면 이제 자녀와 함께 효과적으로 프로젝트를 진행할 수 있는 사람을 만나게 해 주어야 한다. 만약 아이가 개선자인데, 부모는 추진자라면 부모는 둘 사이에 시너지 효과를 일으켜 줄 수 있는 촉진자를 영입할 필요가 있다. 촉진자는 형제가 될 수도 있고 친구가 될 수도 있다. 그렇게 되면 평소 일을 추진하는 부모와 원칙에 맞게 잘라내는 자녀 사이의 갈등과 긴장감이 해소될 수 있을 것이다.

또한 자녀가 끊임없이 아이디어를 생산해 내는 창조자라면 그 옆에서 열심히 아이디어를 구체화시키고 날개를 달아줄 추진자를 찾아야 한다. 그 역할을 부모가 하는 것이 가장 좋지만 여의치 않을 때는 추진자를 곁에 붙여주면 자녀는 창의력과 자신감이 넘치는 리더의 역할을 감당할 수 있을 것이다.

Q 내 자녀에게는 어떤 의사전달의 장점이 있는가?

> ex 창조자(되든 안 되든 많은 의견을 내놓는다).

🖉

Q 너는 누구와 이야기할 때 자신감이 생기니?

> ex 저는 성민이와 이야기하면 용기가 막 생겨요. 제가 무슨 의
> 견을 내놓으면 성민이는 저보다 그 의견에 더 관심을 보여
> 서 좋은 방법을 찾아 주거든요.

🖉

Q 우리 자녀의 대화 상대로 누구를 연결해 주면 좋을까?

> ex 좋은 추진자(관심을 갖고 있는 분야의 전문가 중에 추진자

를 만나게 한다).

✏️

_____

_____

_____

약속 경험하기

우리 가정에서는 어린 자녀와 함께 게임을 하곤 한다. 아이가 보기에 엄마 아빠가 조건을 내걸고 뭔가 해 주겠다며 약속을 하거나 엄마 아빠가 코칭 언어로 대화를 하지 않을 때 노트에 −10점을 매기도록 했다. 그런데 아이의 눈이 어찌나 날카로운지 무심결에 내뱉은 말에도 "아빠, 지금 조건을 걸었어" 또는 "그건 좋은 말이 아니잖아" 하며 냉정하게 마이너스 점수를 매기곤 한다.

아이의 날카로움 앞에 부모는 늘 조심스럽지만 자녀는 자신이 책임지고 해야 할 일이 있다는 사실이 무척 뿌듯한 것 같다. 더불어 아이 역시 약속을 통해 스스로 말을 조심하는 모습을 볼 수 있다.

일상생활 속에서 부모와 자녀 사이에 손가락 걸고 약속하는 일이 참 많다. 그러나 대부분 조건에 익숙한 약속이다.

"이거 하면 저걸 사 줄게."

"성적 올라가면 휴대폰 바꿔 줄게"

이렇듯 조건을 제시하는 약속이 대부분이다. 부모코칭에 있어 약속은 조건을 내건 약속이 아니다. 약속은 자녀를 리더로 키워내는 중요한 키이슈다. 이때 매주 완전하게 약속이 지켜지는 것이 중요하며, 약속은 자녀들이 얼마나 육체적·정서적으로 건강하고 감성적으로 건전한지 가늠하는 수단이 된다. 약속은 부모와 자녀가 상호의존적으로 경험하는 것이 중요하다.

매주 경험해야 할 약속은 4가지 분야다. 먼저 자녀와 함께 4가지 분야에서 자신의 위치를 점수로 매겨본다. 4가지 분야는 육체적인 건강, 정신적인 강인함, 감정적인 건전함, 영적 집중력이다. 점수는 1~10점 중에 선택하면 된다.

부모와 함께 자녀는 자신의 점수를 체크한 뒤 6개월 뒤엔 어떤 점수를 받고 싶은지 의견을 나눈다. 당연히 높은 점수를 원할 것이다. 이제 그 점수를 높이기 위해 어떤 노력들을 해야 할지 구체적으로 의논한다.

예를 들어 육체적 건강 점수를 높이겠다고 마음먹었다면 매주 주말 오후, 동네 초등학교 운동장을 5바퀴씩 돌겠다와 같은 약속을 한다. 반면 감정의 점수를 높이겠다는 자녀는 감정을 높이기 위해 일주일에 세 번 좋은 글을 읽고 아버지에게 문자로 좋은 글을 전하겠다와 같은 약속을 한다. 그러고는 이제 6개월간 스스로 약속한 일을 하는 것이다.

약속을 지키지 못할 때도 분명히 있을 것이다. 그때는 벌칙을 주기도 할 것이다. 하지만 벌칙을 주는 것보다 더 중요한 것은 약속을 지켰을 때 온 식구가 축하해 주는 것이다. 자녀들은 해야 되는 것을 결정하는 것이 아니라 하고 싶은 것을 결정해야 하기 때문이다.

Q 너는 육체적 · 정신적 · 감정적 · 영적인 건강 점수가 몇
점이라고 생각하니?

ex 육체는 10점, 정신은 6점, 감정은 6점, 영적인 점수는 6점
정도예요.

✎

_____

_____

_____

_____

Q 6개월 뒤 네가 원하는 점수는 얼마지?

ex 정신, 감정, 영적 점수를 8점대로 올리는 거예요.

✎

_____

_____

_____

Q 이 3가지의 점수를 올리기 위해 우리가 함께 할 수 있는
일은 어떤 게 있을까?

ex 정신적 건강 점수를 올리기 위해서는 인내심을 기르는 거예요. 한 달에 한 번 등산을 하는 것도 좋은 것 같아요.

감성적 건강 점수를 올리기 위해서는 슬픈 영화를 보는 거예요. 슬픈 영화를 보면 매말랐던 감정이 좀 나아질 것 같아요. 엄마와 슬픈 영화를 보고 실컷 울어보고 싶어요.

영적인 부분에서는 QT도 좋은 방법이 될 것 같아요.

Q 네가 말한 의견 중에 너 스스로 반드시 실천할 수 있는 건 뭘까?

ex 아무래도 공부하는 학생이니까 정신적 건강이 중요할 것 같아요. 한 달에 한 번 산 정상 오르기에 도전해 보고 싶어요.

Q 구체적으로 계획을 세워본다면 어떻게 할 수 있을까?

> *ex* 매달 마지막 주 토요일에 부모님과 함께 등산을 가겠어요.
>
> 그리고 반드시 정상까지 올라가 그 앞에서 사진을 찍어 오
>
> 겠어요.

🖉

Q 우리는 네가 반드시 약속을 지킬 거라 믿지만, 혹시라도
약속을 지키지 못할 땐 어떻게 할까?

> *ex* 약속을 지키지 못했으니, 운동장 10바퀴를 돌겠어요(같이
>
> 있어 주실 거죠?)

🖉

기다리기

어머니는 십여 년 동안 방탕하고 방황한 아들을 위해 기도하며 기다렸다.

"애야, 그 길은 누구도 원하는 길이 아니다."

계속 돌이키려 해도 열일곱 살된 아들은 여자와 동거를 하며 방황하고 있었다. 게다가 그 후로는 이단종교에 빠져 헤어 나오지 못했다. 다급해진 어머니는 신부님을 찾아가 아들에 대한 답답함을 호소했다. 그러자 신부님은 이렇게 말씀하셨다.

"모니카 성도님, 하나님은 기도하고 인내하는 사람의 기도는 반드시 들어 주십니다."

어머니는 그 후 다시 십여 년을 아들을 위해 눈물로 기도했다. 아들이 돌아올 것이란 확신을 갖고 계속 권면하며 기다리던 중, 방황하던 아들은 암브로이 목사의 설교를 듣고 완전히 회심하게 되었으며, 그 길로 가장 먼저 어머니를 찾았다.

"제가 돌아왔습니다. 그동안 저 때문에 얼마나 눈물 흘리셨습니까?"

"아니다. 나는 네가 그리스도인이 되게 하려고 20여 년을 기도했고, 이제 네가 돌아왔으니 내 마음이 무척 기쁘구나."

아들은 예전의 방탕한 모습을 완전히 버리고 하나님의 사람으로 돌아와 기독교계의 커다란 역사를 이루어냈다.

이 이야기는 성 어거스틴과 그를 만들어 낸 어머니 모니카 여사의 이야기다. 어머니 모니카는 한마디로 기다리는 어머니였다. 한두 해도 아닌 무려 20여 년을 아들의 회심을 위해 기도했던 어머니, 나는 모니카 여사의 끝없는 기다림이야말로 코칭의 아름다운 마무리라고 감히 말하고 싶다.

대부분 코칭을 받으면 단기간 내에 부모 자녀의 관계가 개선되고 대단한 효과를 볼 수 있으리라 기대한다. 그러나 하루아침에 이루어진 일이 하나도 없듯, 코칭 역시 많은 시간이 필요하다. 아무리 훌륭한 코칭 기술을 배운다 해도 마음을 돌이킬 시간이 필요하다.

자녀의 이야기를 잘 들어 주는 것도 아이가 마음을 열 때까지 기다리는 행위이며 자녀를 관찰하는 것 역시 오랜 시간 기다려야 하는 것이다. 코칭의 어떤 기술이든 기다림이 적용되지 않는 것은 없다. 코칭에서는 모니카 여사와 같은 기다림이 필요하다.

모든 부모가 기다림을 경험했고 지금도 경험하고 있다. 그러나 믿음을 가지고 기다리는 것과 어쩔 수 없이 기다리는 것은 코칭의 방향을 정반대로 돌려 놓을 수 있다. 얼마나 시간이 걸릴지는 아무도 모르지만 언젠가 코칭을 통해 부모와 자녀가 가슴을 열고 만날 수 있다는 확신만 있다면 희망은 있다. 많은 부모들이 그래왔듯 기다림은 희망의 텃밭이기 때문이다.

사실 코칭에는 실패가 존재하지 않는다. 코칭에는 자녀와 부모가 같은 방향을 바라보도록 인도하는 순수한 목적이 있기 때문에 어려움을 만나더라도 이겨낼 수 있다.

코칭이 주는 놀라운 기적

어떤 청년이 아름다운 아가씨를 사랑하게 되었다. 그런데 아가씨는 아름다운 외모와는 달리 독한 마음을 품고 있었다. 자신을 얼마만큼 사랑하는지 확인받고 싶은 아가씨는 청년에게 말도 안 되는 요구를 한다.

"저를 정말 사랑하시거든 당신 어머니의 심장을 꺼내 제 앞에 가져오세요."

이미 사랑에 눈이 먼 청년은 어머니의 심장을 꺼내오는 일도 서슴지 않았다. 어머니의 심장을 도려낸 아들은 사랑하는 여인에게 급하게 뛰어가다 돌부리에 걸려 넘어지고 말았다. 그런데 그때 어머니의 심장이 말했다.

"어디 다치지 않았니? 조심하거라."

정호승 산문집 『내 인생에 힘이 되어준 한마디』에서 이 글을 읽고 부모의 사랑의 영원함에 대해 고개가 숙여졌다.

심장이 도려내어진 부모는 여전히 자녀를 사랑한다. 펄떡거리는 심장이 내동댕이쳐져도 부모는 자녀를 걱정한다. 이렇듯 부모는 사랑의 근본이다.

지금 이 책을 읽고 있는 모든 사람들도 '어떻게 하면 내 자녀가 행복할 수 있을까, 어떻게 하면 내 자녀에게 존재감을 심어 줄 수 있을까, 어떻게 하면 사랑을 확실하게 전해줄 수 있을까' 하고 깊이 고민하며 조금이라도 더 자녀에게 사랑을 주고자 하는 부모다.

코칭은 사랑에 빠진 청년을 걱정해 주는 어머니의 심장과 같다. 어머니를 버리고 사랑을 선택한 자녀라 할지라도 이해하고 지지해 주는 것이 바로 코치부모다.

사랑하는 부모와 자녀가 있는 곳이면 코칭은 언제나 가능하다.

부모코칭, 그것은 평범한 가정에서 놀라운 기적을 만들어 내는 파워풀한 도구다.

자녀를 월드클래스 리더로 키우는
부모 코칭

당신은 부모자격증이 있습니까?

어떻게 부모가 되었으며 부모로서 어떤 역할을 하고 계십니까?

사회가 요구하는 여러 종류의 자격증이 있지만 자녀의 미래를 결정하는 부모는 아무런 자격증이 없습니다. 이 세상의 모든 부모는 자녀가 잘 되기를 바라지만 부모의 그 순수한 의도가 자녀에게 얼마나 잘 전달되어지고 그 의도대로 자녀들이 자라고 있을까요?

부모가 자녀를 사랑한다고는 하지만 부모가 주는 사랑의 방식과 자녀가 사랑을 받기 원하는 방식이 달라서 때로는 갈등과 아픔을 가져오기도 합니다.

■ **참가안내**

참가대상 : 부모, 교사, 전문 코치가 되기 원하는 분 등

수업방법 : 워크숍

문   의 : (주)아시아코치센터 02-566-7752 | 홈페이지 www. Asiacoach.co.kr

	ACC 부모 코칭 주제	내 용
1	자신을 알기	자신을 깊이 성찰한 다음 자신이 자녀에게 어떻게 비춰지는지를 생각해 보고 그것에 맞게 성실하게 살아가기
2	균형 잡힌 자기 계발하기	부모로서의 역할을 지지하기 위한 개인적, 전문적 성장 플랜을 만들어내는 방법 습득
3	자녀를 지지하기	자녀가 자신의 잠재력을 바르게 깨닫고 이해하면서 자라도록 고무하는 방법 습득
4	현재에 살기	현재의 완전함을 인식하고 현재를 즐기며 사는 방법 습득
5	말한 대로 정직하게 행하기	자녀들에게 옳고 그름을 구별하는 법을 알려주기 위해 말한 대로 행동하는 방법 습득
6	삶의 기술을 가르치기	자녀가 독립할 무렵에 자녀에게 물려주기 원하는 중요한 삶의 기술 가르치기
7	건강한 가정 환경 제공하기	교육적인 가정 환경을 제공하기 위한 핵심 원리와 전략들 습득
8	가정의 의식과 전통 만들기	평생 동안 소중히 간직하고 기념할 만한 가정의 전통과 의례를 만드는 방법 습득
9	효과적인 훈육 기술 배우기	사랑의 메시지를 전달하면서 질 높은 삶을 살아가도록 훈육하는 기술
10	자녀에게 책임지는 법 가르치기	실패의 대가가 아직 크지 않을 때 실생활에서 책임지는 방법을 어떻게 가르칠 것인지 습득
11	사랑의 커뮤니케이션하기	자녀들이 '전달받고' 이해할 수 있도록 사랑의 메시지를 전달하는 방법 습득
12	자녀를 온전히 알기	자녀의 장점, 관심사, 개성, 그리고 다른 사람들과의 관계를 평가하는 방법 습득
13	자발성과 독창성 키우기	자발성과 독창성을 소중히 여기는 개방적인 환경을 조성하는 방법 습득
14	세계 수준의 리더십 훈련하기	차세대 지도력을 가진 리더를 만들어 내는 12가지 환경 만들기
ACC 부모 코칭 과정 수료		

청소년 꿈찾기 지도자 FT과정

이 과정은 인생의 가장 중요한 시기에 있는 청소년들이 자신의 순수한 존재가 치와 재능, 열정을 찾고 자신의 존재가치에 맞는 꿈을 설계하여 실행할 수 있도록 돕는 강사 과정입니다. 청소년이 자신의 꿈을 발견하고 꿈대로 살도록 돕고 자하는 분은 아시아코치센터의 청소년 코치양성의 오랜 노하우로 완성된 파워 풀한 프로그램으로 탁월한 청소년 코치 지도자가 되실 수 있습니다!

교육 특징
과정 수료 후 발표와 피드백을 통해 인증된 FT 자격증을 드리며 아시아코치센터에서 인증해 드리는 청소년 꿈찾기 지도자 FT로 활동하실 수 있습니다.

교육 안내
● 교육일시: 2일 워크숍(1일 8시간 AM 9~PM 6)
　　　　　강의 후 1일 발표회와 인증식
● 교육대상: 청소년을 효과적으로 돕고자 하는 분들
　　　　　교육계 종사자 등

교육 내용

World Class Coaching!

(주)아시아코치센터는 세계적으로 검증되고 인증된 탁월한 코칭 과정을 통해 개인과 조직, 가정이 행복하고 성공적인 결과를 만들 수 있도록 돕고 있습니다.

(주)아시아코치센터 코칭 프로그램 안내

코칭분야	내 용	과목명
코치 트레이닝	전문코치들이 기본적으로 갖추어야 할 훈련 과정으로, 국제자격증 과정과 국내자격증 과정이 있다.	ILCT 국제코치인증과정 / IAC 15가지 코칭 기술 / 파워라이프코칭 / 파워리더십코칭 / TLC 리더십코칭
경영자 코칭	기업 또는 단체의 대표 및 임원들을 위한 맞춤식 그룹 및 일대일코칭을 한다.	CEO코칭 / 여성 CEO코칭 / 임원코칭
비즈니스 코칭	비즈니스맨에게 필요한 전반적인 코칭 과정으로 각 필요에 맞게 과정을 선택할 수 있다.	MBCI 비즈니스코칭 / 브랜드코칭 / TQC팀장코칭 / 감성대화코칭 / 커리어코칭 / 조직의식혁신코칭
리더십 코칭	어떤 생각이나 감정이라도 받아들이고 표현하며, 직감대로 명확한 의사 결정을 하는 탁월한 리더십을 배양한다.	파워리더십코칭 / 래거시리더십코칭
행복한 가정 만들기 코칭	결혼 전후의 커플과 자녀를 가진 부모들이 행복하고 파워풀한 가정을 세우도록 돕는 과정이다.	부모코칭/ 결혼코칭 / 싱글코칭 / 감성대화코칭 / 부모성품개발코칭
청소년 / 학습 코칭	청소년들을 위한 감성계발, 진로, 학습, 인생의 목적을 찾도록 돕는 과정이다.	감성능력계발코칭 / 감성대화코칭 / 청소년성품계발코칭 / 청소년 진로코칭 / 학습코칭
감성 코칭	자신과 타인의 감정과 의도를 직감적으로 파악하고 대응하는 능력, 어떤 상황이나 사람에게도 저항하지 않고 친밀하게 대하는 감성능력을 배양한다.	감성능력계발코칭 / 감성대화코칭 / 갈등관리코칭
영어 코칭	자신의 필요에 맞게 코칭을 받으며 동시에 영어 회화 능력을 키우는 과정이다.	초급 / 중급 / 고급
중년 코칭	중년 이후의 제2의 인생을 새롭게 설계하는 과정이다.	중년코칭 / 실버코칭 / 중년커리어코칭